我们身边的
水生生物

〔韩〕韩永植/著　〔韩〕金明佶/绘　焦 艳/译

GUANGXI NORMAL UNIVERSITY PRESS
广西师范大学出版社
·桂林·

我们身边的水生生物

Women Shenbian De Shuisheng Shengwu

出版统筹：伍丽云

质量总监：孙才真

责任编辑：吴　琳

责任营销：廖艳莎

责任美编：潘丽芬

责任技编：马其键

图书在版编目（CIP）数据

　我们身边的水生生物 /（韩）韩永植著；（韩）金明佶
绘；焦艳译. -- 桂林：广西师范大学出版社，2023.7
　（魔法象. 故事森林）
　ISBN 978-7-5598-5944-0

　I. ①我… II. ①韩… ②金… ③焦… III. ①水生生物 –
普及读物 IV. ①Q17-49

　中国国家版本馆 CIP 数据核字（2023）第 052349 号

广西师范大学出版社出版发行

（广西桂林市五里店路 9 号　邮政编码：541004）
（网址：http://www.bbtpress.com）

出版人：黄轩庄

全国新华书店经销

北京博海升彩色印刷有限公司印刷

（北京市通州区中关村科技园通州园金桥科技产业基地环宇路 6 号　邮政编码：100076）

开本：787 mm × 1 092 mm　　1/16

印张：8.25　　　字数：81 千

2023 年 7 月第 1 版　　2023 年 7 月第 1 次印刷

定价：38.80 元

如发现印装质量问题，影响阅读，请与出版社发行部门联系调换。

走过桥，通向彼岸和远方

蒋军晶／特级教师、小学中学高级教师

这是一套桥梁书。

不可否认，这套桥梁书是为你们特别准备的，而且准备得非常细致、非常周到、非常体贴。

这种体贴体现在许多方面，我概括为五个"一点儿"。

生词少一点儿。 我曾经买过一本《安徒生童话》，但翻译得不够好，长句子特别多，生僻字也很多。我的孩子阅读时，感觉困难重重，最后倒了胃口，连安徒生都不喜欢了。这让我很后悔，后悔没有为孩子选择一个好的译本。桥梁书就不大可能出现这样的问题，桥梁书的作者们很用心，他们知道故事是写给你们看的，也知道你们认识的字词有限，所以他们在创作时会尽量选择一些常用词。因此，你们阅读时会觉得很顺畅，很有安全感。不信？那就来读读"金钥匙"系列桥梁书吧。

字大一点儿。无论翻到哪一页，你们都会觉得很疏朗。首先，行间距足够大，每页有12~20行。行间距大了，字的个头儿就大了，整页看起来也就舒展了。其次，图文结合，虽然图不是主角，但也调节了空间。因此，桥梁书便于阅读，便于识别，也有利于保护孩子的视力。或许你们会问："我们需要这样小心翼翼的保护吗？"我认为，当然需要，而且你们也要学会爱护自己，体贴自己，例如，不要在太阳强光下看书，不要打着手电筒在被窝里看书。当然，也要选择字大一点儿的书来看。

书薄一点儿。一般的童书，尤其是长篇小说，至少有七八万字。对你们来说，篇幅太长的书，你们可能还没有能力去把握。当然，你们也可以靠毅力去挑战阅读大部头的、像砖头一样厚的纯文字书。可是，不要忘了，很多时候，阅读应该是量力而行的愉快的事情。跟你们长个子一样，阅读是需要一点儿一点儿积累的：先读薄薄的图画书，再读图文结合的桥梁书，最后主要读文字书。一般而言，桥梁书不算太厚，"金钥匙"系列桥梁书一般就100多页，字数2万~4万。其中，《妈妈需要我》是由五个独立的故事组成的，是一本合集，每个故事都不算长。你们在阅读时，最好分解为几个故事来读，这点是非常重要的，因为只有这样，你们才能产生阅读的信心，而且这对于保护你们的视力也有积极的意义。毕竟，你们还是小孩子，每天阅读的时间尽量不要太长。

图画多一点儿。作为一个和孩子打了近二十年交道的大人，我深深地感受到了你们对图画的喜爱。即使你们到了十一二岁，即使你们已经认识了大部分文字，即使你们中有些人已经尝试着阅读大部头的名著，但你们依旧迷恋图画。想想，你们在写故事的时候，最想做的一件事，是不是就是画插图？尽管也许画得不太好。你们读到《救书的猫咪》，发现故事里有一棵神奇的书树，是不是就很想看一看这棵树到底长什么样？你们读到《加油，恩灿！》，看到故事的主角是一个可爱的小胖子，是不是就很想知道这个小胖子到底胖到什么程度？其实，这些你们都可以根据文字去想象，但是你们还是想通过插图看到，因为插图为你们的阅读增加了无限乐趣。这套"金钥匙"系列桥梁书配图很棒，里面的图似乎是孩子们用蜡笔、油画棒画出来的，虽然不追求精致，但又很有味道，让人总想多看一会儿。

故事真实一点儿。"金钥匙"系列桥梁书的主人公年龄都跟你们差不多，故事里的他们有悲伤，有烦恼，有快乐，也有骄傲。试问你们有没有烦恼呢？例如，你有弟弟妹妹了，你觉得爸爸妈妈不再像以前那么爱你了；你转学了，到了一个新的环境，你觉得自己没有朋友，有些慌张；你长得太胖了，总有人笑话你，甚至故意招惹你；别的孩子的爸爸妈妈都开着豪车，而你的妈妈却总骑着一辆自行车在校门口等你……也许你们觉得，"金钥匙"系列桥梁书是在说别的小孩子的故事，说的是遥远的韩国小朋友的故事，可是，这又何尝不是在说你们的生活呢？读了这些书，你们会喜欢上书里的人物，会为故事里的小胖子加油，也会为故事里的误会感到揪心。也许在读那些世界名著的时候，你们也未必会有这样的心情，因为那些书讲的是大人的生活，不是你们的生活。

读到这里，你们千万不要对桥梁书有任何误会，以为桥梁书的作者，就像那些溺爱孩子的家长，一味地在迎合你们。如果你们有这样的念头，那就真的错了。

桥梁书的文字确实有些浅显，故事也很短小。但是通过浅显的文字、短小的故事照样可以写出美好，写出难忘。通过《渴望被发现的秘密》，你们可以读到一个孩子的心事，以及他内心对被家人发现他这个秘密的渴望。通过《救书的猫咪》，你们可以读到许许多多的奇思妙想，读到深刻的令人回味的想象。通过《妈妈需要我》，你们可以读到深深的温情，读到淘气包、胆小鬼们如何勇敢地克服困难，幸福、快乐地成长的过程。通过《加油，恩灿！》，你们可以读到大人的心酸，读到一个孩子英雄般的坚持努力。你们可以确信，自己在阅读文学，因为有一种文学，就是用这样的文字和篇幅为你们量身定制的。

之所以说"金钥匙"系列桥梁书是真正的文学，是因为这个系列里的每一本书，作者只是在讲故事，不是在讲道理。在我看来，好的故事、好的文学就是这样，不是用来说教的，我想你们也不喜欢过分强调道德和教训的故事吧？没有人会喜欢"板着面孔"的故事。不过，如果愿意，你们可以透过故事去思考：我做过书里孩子做过的事情吗？我有过他们的伤心与高兴吗？如果我遇到他们遇到的事情，我会怎么办？……这种主动的思考，会让你们收获另一番阅读的乐趣。

最后，我想再回到这一系列书的两个概念上，一个是"金钥匙"，另一个是"桥梁书"。

阿·托尔斯泰曾写过一部童话《金钥匙》。在那部童话里，金钥匙是一把开启幸福、开启快乐的钥匙，能够打开通向美丽的木偶剧场的小门。是的，"金钥匙"系列桥梁书就是为你们量身定制的，这些故事犹如一把把金钥匙，为你们打开阅读之门。

"桥梁书"这个说法真的很形象，作家为孩子架设了一座由"图画书阅读""亲子共读"通往"文字阅读""独立阅读"的桥梁。

走过这座桥，可以更快更顺利地到达彼岸，走向远方。

我们身边的
水生生物

"扑腾扑腾!"

水生生物们正在展示它们最拿手的水上运动。或是水上滑行,或是潜水,或是跳水。

只要稍加留意,你就会发现水中其实有许多神奇的小伙伴。比如,将鞘翅末端露出水面、尽情呼吸的龙虱,在水上如滑冰般滑行的水黾(mǐn),一个猛子扎进水里的青蛙,还有那些怡然游动的各种鱼儿。它们都是以水为家的生物。

水栖生物的种类不同,栖息地也不尽相同。在池塘、湖泊中,不仅有鸭子游戏其中,还到处可见姿态各异的水生植物;在干净的溪水中,可以遇见石蝇、蜉蝣等水生昆虫,以及种类繁多的淡水鱼;在沼泽和水库中,栖息着田鳖和长蝎蝽;稻田中,有田螺和蜗牛;而在辽阔的海边,生活着海生螃蟹、虾虎鱼,还有各种各样的盐生植物和海鸟。

离开水,水生生物就无法生存,就像离开空气,人类就无法呼吸一样。从水蚤(chài)等体态轻盈的水生昆虫,到体形巨大的鲨鱼、海豚,无论它们有多大差异,都有一个共同点,即离开水将会面临巨大的生存危机。

不用出门到很远的大自然里,在家里安个水族箱就可以观察水生生物了。你可以自己在家养养小鱼、小乌龟，也可以养青蛙当宠物。你可以给它们喂食，为它们清理水箱，在这个过程中，你会和水生动物培养出一份珍贵的情感，会越来越关注它们，和它们成为朋友。

从现在开始，就让我们一起进入那令人惊奇的水生生物世界吧。从我们身边的池塘、湖泊，到山涧、溪谷，到湿地、水库，到河川、稻田，以及迷人的海洋，请跟随主人公健宇，一起来探索那神秘瑰丽的水中世界吧。待旅程结束的时候，相信大家会喜欢上我们身边的水生生物，学会好好珍惜它们。

韩永植
2015年春天

3

目录

令人忍俊不禁的中华鳖

中华鳖

我们家来了一位新成员。几天前，在超市里，健宇对中华鳖一见钟情。

回到家，我和健宇立刻为这位新成员准备了一个小窝。矮小的中华鳖似乎很喜欢这个新家，它兴奋地游来游去，和邻居金鱼也友好地打了个招呼。

"沙沙！沙沙！"

傍晚时分，听到这个声音，健宇竖起了耳朵。他把家里找了个遍，还是没能确定声音的来源。

"沙沙！沙沙！"声音再次诡异地响了起来，健宇突然有些害怕了。

"等等，难道是……"

我们家耳朵最灵敏的要数健宇妈妈了，她镇静地指了指，原来声音来自中华鳖的新家。中华鳖拱沙子的时候，就会发出这个声音。

从养中华鳖开始，健宇就对水生生物产生了浓厚的兴趣。我和健宇想借这个机会，再对水生生物进行一次探索。溪水、河川、池塘，那里不知有多少形态各异的水生生物正等着我们去观察呢，而且健宇还说，他要亲自制作一本《水生生物图鉴》。

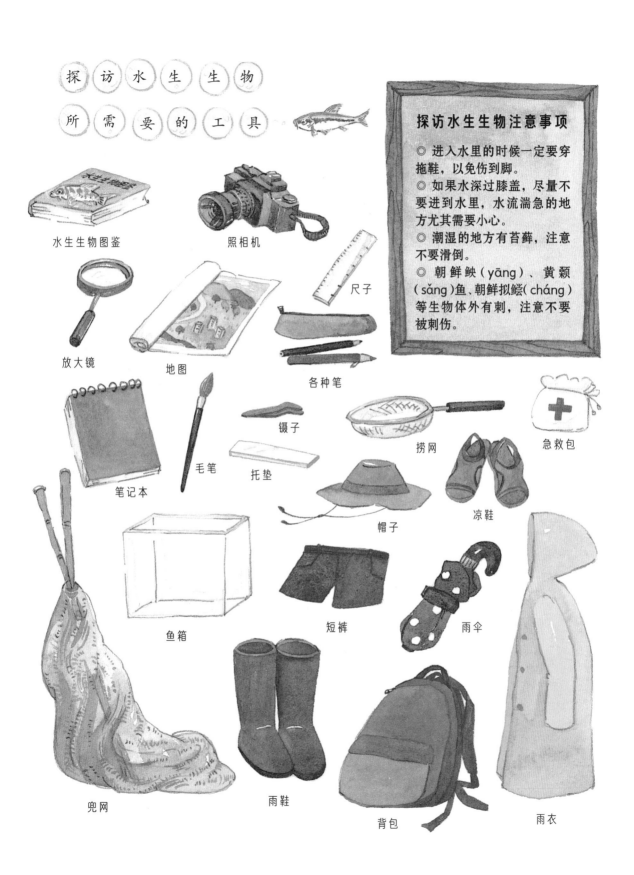

探访水生生物所需要的工具

水生生物图鉴

照相机

探访水生生物注意事项

◎ 进入水里的时候一定要穿拖鞋，以免伤到脚。

◎ 如果水深过膝盖，尽量不要进到水里，水流湍急的地方尤其需要小心。

◎ 潮湿的地方有苔藓，注意不要滑倒。

◎ 朝鲜鮏（yāng）、黄颡（sǎng）鱼、朝鲜拟鲿（cháng）等生物体外有刺，注意不要被刺伤。

放大镜

地图

尺子

各种笔

笔记本

毛笔

镊子

托垫

捞网

急救包

帽子

凉鞋

鱼箱

短裤

雨伞

兜网

雨鞋

背包

雨衣

❸湿地和水库

❷山涧溪谷

❶池塘和湖滨公园

❹稻田

❺河川

❻大海

池塘和湖滨公园、山涧和溪谷、湿地和水库、稻田、河川以及大海中，在水中呼吸、繁殖的水生生物种类异常繁多，从现在开始，就让我们根据这些生物的栖息地制定一个探险计划怎么样？

① **池塘和湖滨公园：**在家附近的池塘和水塘、散步栈道周围的湖滨公园，我们会很容易发现水生生物。稍加用心体会，或许还能感受到它们怡然自得的生活状态。

② **山涧溪谷：**山涧和溪谷清冽的水里，生活着许多可以检验水质的指示性水生生物。如果运气好的话，你可能还会遇见一些喜欢躲在落叶和石头底下的水生生物呢。

③ **湿地和水库：**在湿地和水库，当然可以发现更多奇妙的水生生物。需要留心的是，观察它们的时候，一定注意不要掉进水里哦。

④ **稻田：**稻田是一片神奇的水生生物乐园。那里不仅有水生的半翅目小虫子，还有慢腾腾的田螺，以及到了晚上会发光的萤火虫。

⑤ **河川（江河、汽水域）：**从山上流下来的溪水随着江河汇入大海。在宽阔的大江大河，以及淡水和咸水交汇的汽水域，可以发现许多奇特的水生生物。

⑥ **大海：**万川归大海。辽阔的海面上自由翱翔的海鸟令人感慨、惊叹，在潮间带和沙滩上，异彩纷呈的海洋生物也常常让人想驻足观看。

1.我们在池塘和湖滨公园见面吧

湖滨公园里的鸟

　　早早起床的健宇，一直在忙活。看来他对这次水生生物探险之旅充满了期待，瞧他那副兴奋不已的样子。

　　不知什么时候，房间里不见了健宇忙乱的身影。原来他去了阳台，在默默地看着外面。

　　"健宇，在看什么呢?"

　　"爸爸，早上好。你看，湖水那边有好多大鸟在飞呢。"

　　窗外，确实可见苍鹭的身影。在我们小区周边的湖滨公园，经常有各种各样的鸟儿飞来飞去。我和健宇站在阳台上，观察了一会儿。

"健宇，今天是我们水生生物探险之旅的第一天，准备好了的话，现在就出发？"

之前我们已商量好，将第一次探险地点定在家附近的湖滨公园。

"苍鹭，苍鹭！"到了湖滨公园，健宇兴奋地哼着歌，大声叫着。

苍鹭

健宇坚信，苍鹭一定会飞过来。不过苍鹭扇动着巨大的翅膀，掠过小区，向高空飞去了。

"健宇，你看那边，一群小鸭子跟在妈妈后面。"

"哈哈，它们游动的样子好可爱啊。"

鸭妈妈带着小鸭子们在水面上优哉游哉的，看到妈妈扎进水里，小鸭子们也跟着依次扎进水里。

小鸭子出生后，会将在13～16个小时内遇见的第一个对象视为妈妈，并持续追随一生。这就是"烙印现象"。

　　"健宇，你瞧，那是我们上次动物探险时遇见的鹅。"

　　"爸爸，那不是鸭子吗?"

　　我意识到，健宇到现在还分不清鸭子和鹅。于是，我只好带他再一次近距离观察。

找不同!

鸭和鹅

鸭	鹅
头顶喙基上部没有肉瘤。	头顶喙基上部有肉瘤。
体形较小。	体形比鸭子大，脖子长。
家鸭由野鸭驯化而来。	由大雁驯化而来的家禽。

围住鱼儿尸体的粪蝇

　　靠近湖水，我们发现水面上漂浮着一些死鱼。在干燥的春天，很不幸，有些鱼会因为湖水缺氧而死。

　　"爸爸，鱼的尸体上围着一群苍蝇。"

　　"准确地说，那些是叉叶绿蝇。"

　　在尸体和排泄物上，经常可见叉叶绿蝇、黑麻蝇、丽蝇，它们常常被统称为"苍蝇"。

　　"健宇，平时我们称呼昆虫常说它们的外号、俗称，而不是它们的学名。比如，我们会将秋赤蜻、褐带赤蜻等都称为'红蜻蜓'，将枯草色的疣蝗、日本黄脊蝗、黄胫小车蝗不加区别地统称为'蝗虫'。"

　　"那我们为什么不叫学名，而更多地叫它们的俗称？"

　　"因为叫俗称听起来更形象、更亲切啊。瞧，那些聚在一起的

叉叶绿蝇

黑麻蝇

小黄粪蝇

苍蝇正在动物的尸体上产卵，很快就能孵化出胖嘟嘟的蛆虫。"

"啊，蛆虫，好恶心！"

健宇还不明白生态循环，只觉得苍蝇很恶心。我想是时候给他讲讲苍蝇的珍贵之处了。

"健宇，如果没有苍蝇，动物的尸体和排泄物会怎么样呢?"

"嗯……就那样呗。"

"你的意思是说，尸体和排泄物不用分解，就保持原样?"

健宇进一步思索后，觉得如果真那样，地球就不会是现在这个样子了。对于自然界中各种各样生命的珍贵，他懵懵懂懂似乎有了一点儿了解。

观察日记

日期 5 月 28 日	地点 湖滨公园	观察对象 动物尸体上的昆虫

　　动物的尸体上有负葬甲、隐翅虫、叉叶绿蝇、黑麻蝇等昆虫。

　　它们靠吃动物尸体为生，并在尸体上产卵孵化。动物尸体的腐烂程度不同，寄生其中的昆虫种类也不尽相同。所以，通过动物尸体上围聚的昆虫可以判断出其死亡的时间。

1. 围聚在动物尸体及排泄物上的苍蝇和埋葬甲

　　叉叶绿蝇和黑麻蝇会循着动物尸体的气味围聚过来，并在那里产卵。从卵中孵化出的蛆虫就靠吃尸体长大。

　　四星负葬甲会将动物的尸体埋进土中，并在那里产卵。亚氏真葬甲会撕食尸体，黑角尸葬甲则会争食苍蝇卵中孵化出的蛆虫。

叉叶绿蝇

四星负葬甲

亚氏真葬甲

2. 吸食水中尸体体液的昆虫

　　死去的鱼和漂浮在水面上的动物尸体会成为水黾和仰蝽的食物。它们通过针管状的口器以吸食动物的体液为生。

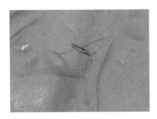
水黾

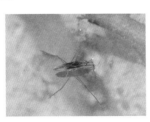
扁腹黾蝽

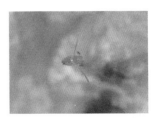
三点大仰蝽

水坑里的各种蚊蝇

"爸爸！救命啊！"

一群像小苍蝇一般的飞虫正在围攻健宇，他奋力挥舞着捕虫网，驱赶着飞虫。

围攻健宇的其实是一群摇蚊。摇蚊和蚊子相似，但较为粗壮，头部也相对较小，没有蚊子那样尖锐的刺吸式口器。摇蚊遍布世界各地，十分常见，栖居环境多样。蚊、蝇等双翅目昆虫大多喜欢污水，不干净的湖水或水塘中较常见。

摇蚊的成虫几乎不摄食，蚊子则不一样。通常，雌性蚊子以血液为食，雄性蚊子以植物汁液为食。雌性蚊子为了产卵会吸食富含蛋白质的人的血液，或是贴到牛背上，吸食营养丰富的牛的血液。苍蝇也是杂食性生物，有像摇蚊、大蚊等吸食草汁的，也有吸食动物血液的，例如生活在亚马孙的沙蝇，从名字上看像普通苍蝇，但其实是吸血的可怕昆虫。

"爸爸，刚刚那些飞虫为什么会聚到我这里？"

"大概是因为喜欢你吧。"

摇蚊和蛾蚋等双翅目昆虫喜欢人类

呼吸或出汗时排出的二氧化碳。而另一些双翅目昆虫对香气非常敏感，它们经常被化妆品或水果的甜蜜香味吸引。

"这些家伙好讨厌啊，怎么都赶不走。"

虽然双翅目昆虫的后翅已退化，只有两只前翅，但它们的飞行能力十分出色。健宇不理解，少了两只翅膀它们还那么敏捷，飞来飞去的让人非常无奈。

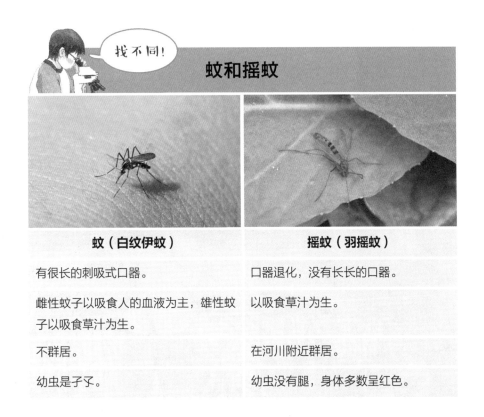

找不同!

蚊和摇蚊

蚊（白纹伊蚊）	摇蚊（羽摇蚊）
有很长的刺吸式口器。	口器退化，没有长长的口器。
雌性蚊子以吸食人的血液为主，雄性蚊子以吸食草汁为生。	以吸食草汁为生。
不群居。	在河川附近群居。
幼虫是孑孓。	幼虫没有腿，身体多数呈红色。

林荫道旁的池塘

斑缘豆粉蝶

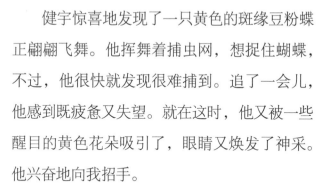

黄菖蒲

健宇惊喜地发现了一只黄色的斑缘豆粉蝶正翩翩飞舞。他挥舞着捕虫网，想捉住蝴蝶，不过，他很快就发现很难捕到。追了一会儿，他感到既疲惫又失望。就在这时，他又被一些醒目的黄色花朵吸引了，眼睛又焕发了神采。他兴奋地向我招手。

"爸爸，这黄色的花叫什么?"

"黄菖蒲。"

黄菖蒲旁边还有一片菖蒲。风一吹，菖蒲随即摇摆起来。

"爸爸，你看，这里还有一些小不点儿香蒲呢。"

"真的好小啊。它们比香蒲小很多，所以被称为'小香蒲'。"

不远处的池塘中，漂浮着睡莲、莲花、凤眼莲和菱。

"健宇，看到那些漂浮在水面上的植物了吗？那就是菱，它们的果实叫菱角。"

"菱角？菱形的角？"

菱小萤叶甲

"差不多，它们的果实像菱形一样有四个角。也有的是两角、三角。"

和凤眼莲的叶子一样，菱叶叶柄中有膨大的气囊，所以能漂浮在水面上。而且叶子表面有很厚的蜡质层，不会被水浸透。

"爸爸，菱叶上的那只小昆虫好像要滑下去了。"

"哦，那是菱小萤叶甲，喜欢吃菱叶。"

菱小萤叶甲会在菱叶上一次产下20多颗卵，从卵中孵化出的幼虫靠吃菱叶和莼菜叶获取营养，然后化蛹，羽化后变为成虫。

学校里的水生植物园

　　穿过枝叶葱郁的林荫道，回家途中我们顺便去了健宇的学校。健宇的学校里种植了很多水生植物，我们正好可以仔细观察一番。

　　"爸爸，以前我以为植物只能从土里吸收养分，没想到它们在水中也能生存。"

　　如果植物通过根茎就能充分吸收营养的话，那么，在水中也可以通过吸收养分生长。在水中栽培植物的方式称为"水培法"。

　　"健宇，怎样才能让植物在水中存活呢?"

"嗯？给它们喂面包屑或紫菜卷？"

"植物没有嘴巴，怎么能像动物那样吃东西呢？刚刚不是跟你说了，它们是通过根茎吸收营养的吗？"

"那么，喂它们牛奶或果汁怎么样？"

"比起牛奶、果汁，水生植物有它们生长所必需的营养元素。"

"必需的营养元素？"

植物生长发育有十大必需的营养元素：碳、氢、氧、氮、钙、铁、磷、硫、镁和钾。碳、氢和氧可以被空气或水吸收。而氮、钙、铁、磷、硫、镁和钾等元素无法通过空气或水获得，必须通过另外的方式单独供给。

"爸爸，那么多营养元素怎么供给呢？"

"有植物营养液，就可以解决了。"

木贼

睡莲

凤眼莲

植物营养液是将氮、钙、铁、硫、磷、钾、镁等植物生长所必需的营养元素按比例配制而成的液体，可用于无土栽培。根据植物的种类和栽培条件合理配制的营养液可以被植物有效吸收。

"没想到我们家附近的湖滨公园、学校的水生植物园里有那么多水生生物啊。"

第一次水生生物探险之后，健宇回到家依然兴致勃勃。我们一起通过图鉴和网络查找了今天遇到的水生生物，并仔细阅读了相关知识。可即使这样，似乎还不能完美解决健宇心中的各种疑团。他下定决心要亲自动手制作一本属于自己的水生生物图鉴。

观察日记

| 日期 5月30日 | 地点 学校 | 观察对象 水生植物 |

    和陆生植物一样，水生植物也必须有均衡的营养供给，才能健康生长。让我们一起来看看水生植物需要哪些营养元素。如果缺了这些营养元素，它们又会出现什么问题呢？

1. 植物如何吸收营养？

植物由含有碳、氢、氧等元素的

有机物和含有钙、镁、铁等元素的

无机物构成，通过叶子的气孔或根

吸收生长所需的营养。

通过叶子背后的气孔吸收的元素：碳

2. 植物如果缺少以下营养元素，
会出现什么症状？

(1) 氮——生长缓慢。

(2) 磷——不容易开花和结果。

(3) 钾——生长缓慢，叶子会出现褐色斑点。

(4) 镁——叶子会变黄，严重的话，植物组织会死亡。

(5) 铁——因无法合成叶绿素而变黄，生长不良。

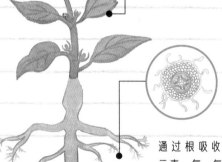

通过根吸收的元素：氧、氢、无机营养成分

向生物博士看齐—— 地球生态系统

　　生态系统是生物（生物要素）和环境（非生物要素）构成的统一体。地球上最大的生态系统可称为地球生态圈。地球生态系统主要分为陆地生态系统和水生生态系统。陆地生态系统包括森林生态系统、草原生态系统和荒漠生态系统，水生生态系统包括淡水生态系统和海洋生态系统。海洋约占地球表面积的四分之三，是多种生物的家园。

一、陆地生态系统

　　陆地生态系统可以分为森林生态系统、草原生态系统和荒漠生态系统。

1.森林生态系统

　　高大、茂盛的阔叶林和针叶林里不仅生活着种类繁多的动物，还有大量的灌木丛和草本植物。森林生态系统是地球上物种最多样化的地方，在涵养水源、净化空气、保持水土等方面有着极为重要的作用。

2.草原生态系统

辽阔的草原上生活着以植物为食的食草动物和捕食食草动物的食肉动物。

3.荒漠生态系统

在环境严酷的荒漠地带，生活着生命力强的耐旱植物和适应干燥气候的动物。

二、水生生态系统

水生生态系统大致可以分为由河川、池塘等构成的淡水生态系统和由大海、滩涂构成的海洋生态系统。

1.淡水生态系统

①流水生态系统：朝着一定方向流动的溪水、河川、水渠等流水域的生态系统。

②静水生态系统：池塘、湖泊、水库、稻田等静水域的生态系统。

2.海洋生态系统

由约占地球表面积四分之三的大海与滩涂构成的生态系统。滩涂中的螃蟹、贝类，海鸟以及浅海、深海内的大量海洋生物，构成了一个极为复杂的生态系统。

2.我们在山涧溪谷见面吧

自己筑巢的石蛾幼虫
与不会筑巢的原石蛾幼虫

"妈妈，看见我的拖鞋了吗？捕虫网怎么也不见了！"

今天是健宇期待已久的水中探险日。为了准备好探险物品，健宇照例早早就起床了。看，他在认真又忙乱地整理着。

"妈妈，我们走了！"

健宇背起行囊，催促我赶紧出发。

从首尔出发经过大约两个小时，我们来到了溪流潺潺的水边。健宇换上拖鞋，迫不及待地跳进了水里。他左顾右盼，开始寻找水生生物。

"爸爸，我发现了一座石头宝岛！"

健宇发现的"宝岛1号"是一座由石蛾的幼虫——石蚕建造的石头城堡。一些种类的石蛾从卵孵化成幼虫后，会利用身边的小石子、落叶、树枝等，借助唇腺分泌出的丝状物质黏合起一个可以随身移动的巢壳。在壳内，它们不但可以生活，还可以躲避可怕的肉食动物。

"爸爸，你看，石头在动呢。"

"哈哈！石蚕可是神奇的伪装大师啊。"

健宇把这个管状的移动城堡放在手掌中，发现从石头和落叶黏合成的巢壳里，露出了石蚕的头和足。

石蚕会利用很多东西来建造自己的移动城堡，经过一段时间的发育，它们就在里面化成蛹，最后变为成虫，也就是石蛾。当然，也不是所有的石蚕都会自己盖房子。也有像原石蛾幼虫一样没有移动保护壳，在水面上漂浮流浪的。

找不同！

两种石蚕：乌石蛾幼虫和原石蛾幼虫

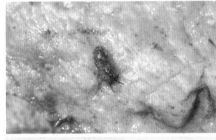

乌石蛾幼虫

幼虫会自己吐丝造房子。

背着房子四处活动，主要生活在水底或附着在大石头上。

将自己用砾石或落叶建造的房子固定在大石头上，躲在里面化蛹。

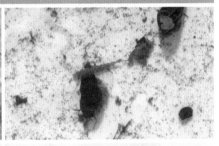

原石蛾幼虫

幼虫不造房子。

漂在水上。

在水中的大石头上，用几块大砾石搭建一个临时房子，在里面化蛹。

观察日记

日期 6月5日	地点 溪流	观察对象 背着房子活动的石蚕

　　石蛾的幼虫——石蚕是一种水生昆虫，能利用石子、落叶、树枝等材料，用唇腺分泌的丝状物质黏合成一个可以随身活动的房屋。对石蚕娇嫩的皮肤来说，这样一个保护巢壳非常重要。石蛾成虫和蝴蝶、飞蛾很相似，但蝴蝶、飞蛾属于鳞翅目，而石蛾属于毛翅目；飞蛾的翅膀上覆满鳞粉，而石蛾的翅膀上有浓密的棘毛。

咔嚓咔嚓
 石蚕图集

黑纹水石蛾幼虫： 用石子和树叶造房子。

埃莫内石蛾幼虫： 用落叶造房子。

乌石蛾幼虫： 用石子造房子，附着在大岩石上生活。

鳞石蛾幼虫： 利用落叶造房子，出口是方形的。

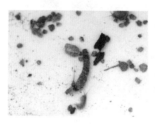

木曾裸齿角石蛾幼虫： 利用石头造出圆筒形的细长房子。

舌石蛾幼虫： 利用粗大一点儿的石子造出圆形房子。

干净水质里的艾氏施春蜓和新月戴春蜓

溪水流动缓慢的地方，沉积了许多沙子。我们铲了一些沙子出来，用捞网慢慢地筛。

艾氏施春蜓 稚虫

"爸爸，我好像看到有什么在动。"

"是条纹蜉！"

健宇高兴得几乎要跳起来，他拿着捞网继续寻找。

"爸爸，那儿有一片落叶在动。"

"那是艾氏施春蜓的稚虫。"

健宇看到的酷似落叶的东西其实是艾氏施春蜓的稚虫。艾氏施春蜓生活在地势平缓的河川，体形较大，强壮有力。

新月戴春蜓 稚虫

"它真像一片扁平的树叶啊。"

"是啊，正因为像树叶，所以在湍急的溪水里，它才可以漂浮在水面上，不沉底。"

"那蜻蜓稚虫为什么生活在流动的溪水里，不生活在平静的水域里呢？"

"蜻蜓的稚虫并不只生活在湖水、池塘那样平静的水里啊。"

新月戴春蜓羽化

或许因为一直以来，健宇都是在池塘或水塘里发现蜻蜓稚虫的，所以他才会以为大部分蜻蜓稚虫都生活在静水域。

实际上，蜻蜓的种类很多，有像艾氏施春蜓、新月戴春蜓等稚虫生活在干净的流水里的；也有像碧伟蜓、白尾灰蜻、红蜻等稚虫喜欢生活在平静的湖水和水库里的。

"健宇，你看，蜻蜓在羽化。"

"真的吗？我还从没见过呢。"

蜻蜓稚虫的羽化过程很难遇到，因为它们通常会选择在傍晚之后比较安全的时间羽化，以减少被捕食的风险。看到蜻蜓稚虫背部的皮裂开，慢慢蜕出娇嫩的身体和翅膀，这个过程确实非常精彩，健宇禁不住惊叹连连。

蜻蜓是典型的不完全变态昆虫，从稚虫变为成虫的过程中，不需要经历结蛹。不完全变态昆虫的稚虫和成虫，外表很相似，不过，稚虫通常需要经过一次或多次蜕皮过程，才能变为成虫。

"健宇，蜻蜓是最早的有翅昆虫，比恐龙还古老呢。"

"是吗？"

蜻蜓在远古时期就出现在地球上了，它们繁衍生息，生活到了现在。蜻蜓硕大的复眼和两对迅捷有力的透明翅膀，能够帮助它们猎食其他昆虫。蜻蜓的稚虫完全水生，用气管鳃呼吸，常常静止不动，这帮助它们躲过了许多鸟类天敌。

溪水里的寄生虫——铁线虫

钩虾

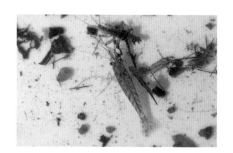

米虾

"爸爸，快过来看，这里有好多钩虾！"

翻开溪水里的落叶，可以看到有很多钩虾在蠕动，还有不少米虾。它们以腐败有机物为食，钩虾喜食落叶，米虾则喜食动物的尸体。

"健宇，石头下还有蜉蝣呢。"

一群蜉蝣正在蠕动，它们的整个身体都扁扁的。除了蜉蝣，石头上还有很多涡虫。

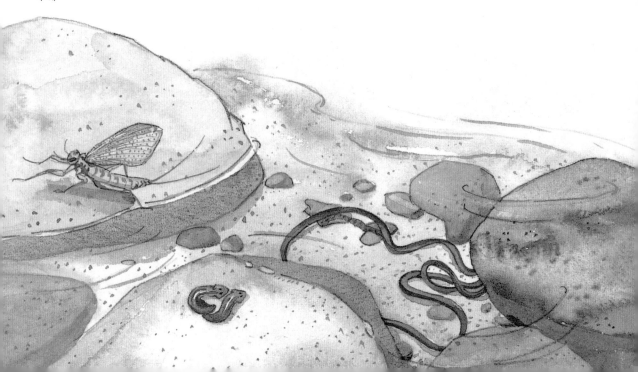

涡虫属于扁形动物，不爱活动，不喜阳光，喜欢洁净、富含氧气的水质，常聚集在水里的石头上。涡虫的再生能力很强，断成两截后，每一截都能再生为一只完整的涡虫。这种再生能力简直可以和海星媲美。

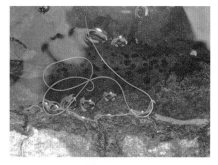

铁线虫

"爸爸，看，铁丝在扭动！"

"那是铁线虫。"

听到"铁线虫"这三个字，健宇打了一个激灵，他大概以为铁线虫是恐怖片《铁线虫入侵》里那种可怕的怪物。

"不用担心，铁线虫只寄生在灶马蟋、螳螂、蟋蟀、斑步甲等昆虫身上。它们在人类身上无法存活，而别的一些寄生虫可以在人体内存活。"

"真的吗？那铁线虫是如何寄生到那些昆虫身上的呢？"

"那是因为灶马蟋、蟋蟀等吃了含有铁线虫的昆虫。"

铁线虫并不是直接进入灶马蟋或蟋蟀的体内，它们一开始寄生在石蛾、蜉蝣、蜻蜓的幼虫身上，当这些幼虫被蟋蟀等昆虫吃掉后，蟋蟀等昆虫就会感染铁线虫。

溪水里的猎食者——石蝇和鱼蛉

韩国大蜻稚虫

健宇拿着兜网，慌慌张张地跑了过来，看来是发现什么神奇的家伙了。

"哇！是韩国大蜻呢。"

韩国大蜻是韩国特有的本土品种，在石蝇中体形最大。健宇大概以为他兜住的是鱼吧。这种大石蝇喜欢吃落叶或黏附在石头上的藻类。

与吃素的韩国大蜻不同，大部分石蝇是猎食高手，捕食蜉蝣、石蛾等水生昆虫，就像陆地上的猎食高手螳螂和蜻蜓一样。

"爸爸，韩国大蜻看起来有气无力的。"

"是吗？赶紧把它放回水里。"

石蝇非常喜欢清凉的水。因为清凉的水中富含氧气，可以让它们尽情呼吸，所以，石蝇是一级水质的指示物种。

我和健宇采集了韩国大蜻、黄褐巨石蝇、黑大山蜻、花纹扣蜻、钩蜻、玛氏诺蜻、日光长绿蜻、叉蜻等。我们用放大镜仔细观察了一番，喜欢画画的健宇还在观察日记本上一一把它们画了下来，并注明了各自的特征。

"唰唰！"一只敏捷的水生昆虫居然被我用捕虫网兜住了。

"健宇，你看，这是什么昆虫?"

"很像石蝇呢。"

"答对了，就是石蝇。"

石蝇是半变态昆虫，稚虫和成虫差别不大，只是稚虫还没有翅膀。健宇在刚刚画的石蝇的画像上添了翅膀，于是稚虫一下子就变为成虫了。对于不完全变态昆虫来说，最重要的转变就在于翅膀。稚虫发出翅芽后，取食数日，爬到植物上，静待一段时间，就会羽化为成虫。

黑大山蜻稚虫

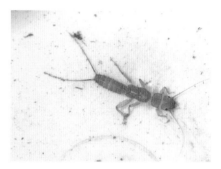

花纹扣蜻稚虫

钩蜻稚虫

"爸爸，这又是什么怪物昆虫啊?"

健宇发现的是鱼蛉的幼虫，体形为圆柱状，全身布满毛刺。
鱼蛉和蜻蜓的成虫乍一看有点儿相似，实际上，它们是完全不同
种属的昆虫。鱼蛉属于广翅目，蜻蜓属于蜻蜓目。鱼蛉是完全变
态昆虫，需要经历结蛹过程；而蜻蜓是不完全变态昆虫，不需要
结蛹，直接从稚虫羽化为成虫。

鱼蛉和蜻蜓	
鱼蛉（大陆准鱼蛉）	蜻蜓（秋赤蜻）
属于广翅目。	属于蜻蜓目。
经历结蛹过程，变为成虫。	不经历结蛹过程，从稚虫直接羽化为成虫。
飞行能力不强。	飞行能力非常出色。
幼虫细长。	幼虫粗长。

观察日记

日期 6 月 10 日	地点 溪水	观察对象 水中猎食者

    溪水中有附着在岩石或砾石上的附生藻类，有以吃落叶或腐殖质为生的生物（初级消费者），还有以猎食初级消费者为生的次级消费者。大部分水中猎食者的口器较为发达，因为需要撕食猎物；它们的前肢也很发达，因为需要抓住猎物，以防猎物逃脱。就猎食手艺而言，它们就像陆生的老虎、狮子一样出色。

水中猎食者图集

石蝇稚虫： 用强劲有力的前足捕到猎物后，用大颌咬食。

大星齿蛉幼虫： 用发达的咀嚼式口器咬食猎物。

蜻蜓稚虫： 尖尖的下颌极为发达，便于猎食、撕咬。

中国真龙虱： 能潜善飞，口器锐利，凶猛贪食。

日壮蝎蝽： 用镰刀般的前足猎食后，用刺吸式口器吸食猎物体液。

朝鲜蝲蛄： 用强劲有力的大螯钳住猎物。

溪水里的脊椎动物——东方铃蟾

在清澈溪水的岩石间，还可以见到东方铃蟾。

"健宇，你看，这里有东方铃蟾。"

"东方铃蟾，我还是第一次见呢。为什么叫东方铃蟾呢？"

"东方铃蟾是学名，韩语名意为"女巫铃蟾"，因为它们的皮肤就像是巫师的华丽外衣。背部绿底黑斑，腹部呈橘红色。"

"爸爸，东方铃蟾要耍杂技了。"

东方铃蟾

健宇用树枝戳了戳东方铃蟾，只见它一翻身，露出了红色的腹部。健宇原以为它要施展什么绝技呢。其实，那是警告敌人的信号。红色是许多动物的警戒色，在面临惊扰和威胁时，可以此来恐吓对方。

自然界中带有警戒色的动物有很多，比如红色的瓢虫、黑黄色条纹的毛毛虫、毒蛾的幼虫、毒蛇等，它们鲜艳醒目的色彩和斑纹，就是在警告那些蠢蠢欲动的猎食者不要轻举妄动。一向害怕虫子的健宇听到这些，更是紧张失色。

溪水另一边，聚集了一群朝鲜林蛙、东北林蛙和东北粗皮蛙；不远处的溪边，一只中华大蟾蜍在慢腾腾地爬行。

"爸爸，我抓到一只长尾巴蝌蚪。"

"让我看看，健宇抓到的是小鲵的宝宝啊。"

从圆形卵胶袋中孵化出的小鲵幼体，等外鳃消失后，就变态发育为成体。蛙、蟾蜍、蝾螈、鲵等两栖动物的幼体都叫蝌蚪。蛙卵通常经过3~4周即可孵化成小蝌蚪，再经过一段时间的发育，会先长出后肢，再长出前肢；小鲵的幼体则相反，先长出前肢，再长出后肢。

东北小鲵的幼体

青蛙的幼体

干净、清澈的溪水是水生生物的乐园。观察结束后，我们把那些小动物放回水里，跟它们好好说再见。于是，小鲵的幼体摇着尾巴游走了，青蛙"扑通"一声跳进了水里。

"爸爸，如果溪水一直这么干净就好了。"

"所以，我们应该保护自然，不要污染水质啊。"

为了让水生生物有一个健康、幸福的生活环境，我们一边走，一边捡起了溪边的垃圾。保护自然，也是我们人类通往幸福的途径之一。今天的探访似乎让健宇明白了人与大自然间的相互依存和互惠互利。

观察日记

日期 6月12日	地点 溪水	观察对象 青蛙的交配

  生物学中，将青蛙的交配行为称为"抱对"。在交配季节，雄蛙会通过高亢、响亮的叫声吸引雌蛙，因雄蛙的数量是雌蛙的7~10倍，所以雄蛙间的竞争十分激烈。雌蛙循着叫声跳到雄蛙面前，雄蛙会用前肢一下子抱住雌蛙，然后一起向产卵地点移动。"抱对"行为能促使雌蛙将卵排出体外，待雄蛙排精后，蛙卵与之结合并完成受精。这种在体外排卵受精的方式称为"体外受精"。

咔嚓咔嚓

两栖动物图集

东北林蛙： 2~5月繁殖，产下大约1000颗卵，聚在一起形成卵块。

黑斑蛙： 4~6月繁殖，产下大约1000颗卵，形成卵块。

东北雨蛙： 4~7月繁殖，产下大约100颗卵，5颗一组，黏附在水草上。

东北粗皮蛙： 4~7月繁殖，在水草上产下大约1000颗卵。

中华大蟾蜍： 3~4月繁殖，在水边产下卵块，内含大约20000颗卵。

东北小鲵： 2~5月繁殖，在水里的石头底下或树根旁产下卵胶袋，内有60~100颗卵。

向生物博士看齐—— 水生生物的呼吸方式

一、无脊椎动物

　　水中的无脊椎动物包括节肢动物（水生昆虫、虾蟹等）、软体动物、环节动物、线形动物、扁形动物、棘皮动物等。其中，种类和数量最多的是水生昆虫。长相各异的水生昆虫呼吸方式也迥然不同。

1.利用水中的氧气呼吸

气管鳃

用腹部的气管鳃呼吸。

蜉蝣稚虫　　　　　石蝇稚虫（左）

尾鳃

用腹部尾端的尾鳃呼吸。

豆娘稚虫　　　　　蜻蜓稚虫

2.利用水之外的氧气呼吸

物理鳃

将空气贮存在鞘翅下的贮气囊中呼吸。

中国真龙虱　　　　长须水龟甲

呼吸管

将呼吸管露出水面呼吸。

日拟负蝽　　　　　日壮蝎蝽

二、脊椎动物

水中生活的脊椎动物包括鱼类、两栖类、爬行类和哺乳类等。种类不同，呼吸器官也各不相同，比如鳃、皮肤、肺等。

1.鱼类（淡水鱼）

鱼类有规律地用嘴巴吸入水，再通过鳃排出体外。通过这个过程，鱼类可以吸收水中溶解的氧气。

尖头鱥（guì）　　斑鳜（guì）

2.两栖类

因为可以用肺和皮肤呼吸，所以对水质很敏感。如果其皮肤接触了被污染的水，将难以呼吸，属于水质指示物种。

黑斑蛙　　中华大蟾蜍

3.爬行类

爬行类的肺比两栖类发达。水龟、陆龟以及陆栖蛇类都属于爬行类。

红耳龟　　乌龟

4.哺乳类

一般在陆地生活的哺乳类动物用肺呼吸。大部分哺乳类动物生活在陆地，但水獭、海狸鼠[1]是半水生哺乳动物，海豚则生活在海里。

水獭　　海狸鼠

---

[1]　海狸鼠是外来物种。——本书如无特别说明，均为编者注。

通往湿地的山间小道

小环蛱蝶

每次发现蝴蝶，健宇都精神抖擞。虽然烈日当头，令人气喘吁吁，但山间各种昆虫确实令人惊奇。

"爸爸，你看，多漂亮的蝴蝶啊。"

"那是小环蛱蝶，又名小三线蝶。"

小三线蝶，顾名思义，展翅可见三条白色条纹，中间的条带最宽。我们仔细观察了好一会儿，健宇频频点头，大概是觉得果然名副其实吧。

"健宇，你看那片叶子下面，有一只举尾虫。它的名字很独特吧？"

"举尾虫？名字确实有点儿奇怪。"

举尾虫属长翅目，体形很小，头部像鸟喙一样狭长。休息时，雄虫的腹部末端常常上举，好似蝎尾，所以称"举尾虫"，学名叫蝎蛉。健宇对这种不寻常的昆虫可真是好好观察了一番。

蝎蛉

通往湿地的途中，我们还见到了虎甲。我和健宇蹑手蹑脚地靠近，因为虎甲反应异常灵敏，稍有动静就会逃走。

"健宇，你看，虎甲捕到猎物了。"

此时，虎甲正在用它强大的上颚撕食猎物。

中国虎甲

虎甲是昆虫中当之无愧的赛跑冠军。其速度快到居然会导致看不清前路，所以我们常常发现虎甲追猎时会停下来，那是因为它们跑得太快，晃了眼，不得不停下来重新定位。

51

比草叶还细长的豆娘 [1]

"爸爸，我捉到豆娘了！"

健宇捉到了一只叶足扇螅和一只纤腹螅，高兴得手舞足蹈起来。他兴奋得忘乎所以，结果一脚踩进了水坑。

"爸爸，这里好松软啊。"

虽然踩进了水坑，但调皮的健宇还是觉得非常好玩，"呵呵"地笑着。

"爸爸，这里有点儿像温泉呢。踩下去，脚趾缝里会渗出温暖的水。"

水草茂盛的湿地是豆娘的乐园。纤细的豆娘隐匿在水草叶间，通常很难被发现，这次托健宇眼尖的福，我也有幸一见。

---

[1] 豆娘是蜻蜓目束翅亚目的俗称，体态纤细，前翅和后翅形状基本相同，停歇时双翅合拢，竖立在背上。飞行能力比蜻蜓弱。

"爸爸。豆娘好像在吃什么东西呢。"

别看豆娘弱不禁风，它们可是肉食性昆虫，主要以蚜虫、木虱、飞虱、介壳虫、摇蚊等小虫子为食。

豆娘的交配方式也很独特。通常，雄性豆娘会用腹部末端抓住雌性豆娘的前胸，而雌性豆娘会弯曲腹部，接触雄性豆娘腹部的外生殖器，在空中形成一个"心"字。

找不同！

蟌和色蟌

蟌（东亚异痣蟌）

体形小而纤细。

栖息在溪水、河川等流水域和池塘、水库等静水域。

东亚异痣蟌在韩国又称"东亚细蟌"，因体形纤细而得名。

色蟌（黑暗色蟌）

体形大而粗壮。

栖息在溪水、河川等流水域。

常出没于水流湍急的地方，在韩国又名"阔翅豆娘"。

水里的蝎子和螳螂

负卵的日拟负蝽

湿地的草丛间，一只日拟负蝽踽踽而行。健宇跟在日拟负蝽后面，他很好奇这只日拟负蝽要去哪里。

"爸爸，它背上背的是什么?"

"这是一只雄性日拟负蝽，它背的是卵，要一直背到卵孵化。"

雌性日拟负蝽会将卵产在雄性背上，雄性日拟负蝽要一直背负着这些卵，并负责照顾，直到孵化。日拟负蝽爸爸经常背着卵宝宝们晒太阳，并为它们提供生长所需的充足水分。总之，日拟负蝽爸爸很尽心尽力。

"健宇，你看，水面上漂着一只蝎蝽。"

健宇以为蝎蝽已经死了，赶紧捞了上来。

谁知，落到地上的蝎蝽醒了过来，跌跌撞撞地跑了。

"还好，它活过来了。"

"是啊。蝎蝽因为长得像蝎子，所以还有一个俗名，叫'水蝎'。无论是昆虫纲的蝎蝽，还是蛛形纲的蝎子，都属于节肢动物门。"

"蝎蝽的尾巴可真长啊！"

"那可不是尾巴，而是蝎蝽的呼吸管。"

日壮蝎蝽

蝎蝽将腹部末端的呼吸管伸出水面，用来交换空气。所以，如果安静地观察，会发现蝎蝽经常将头和胸部朝下，长长的呼吸管露出水面，这个频繁的动作特别像是在敲韩国的长鼓，于是，在韩国，蝎蝽又被称为"长鼓打"。蝎蝽用镰刀般的前肢捕到小鱼、蝌蚪、水生昆虫后，会先用刺吸式口器插进猎物身体，注入消化液麻醉并腐蚀猎物，然后吸食猎物体液。

"爸爸，这里有一只比蝎蝽还要大的昆虫。"

"看来是螳蝎蝽。"

螳蝎蝽的长相、猎食方式都和螳螂很相似，所以又被称为"水螳螂"。它们以守株待兔的方式，用镰刀般锋利的前肢捕捉猎物。它们对猎物从来都毫不留情。

得益于一次次探访活动，健宇的目光变得似乎更加敏锐、明亮。他已经能对蝎蝽和蝎子、螳蝎蝽和螳螂进行比较思考。回到家后，健宇没有忘记为今天观察到的生物画画。通过画画，他不仅巩固、扩展了相关知识，还进一步培养、提高了自己的观察能力。

日壮蝎蝽和中华螳蝎蝽

日壮蝎蝽	中华螳蝎蝽
身体扁平、细长。	身体和足都非常细长。
前肢粗壮、有力。	前肢似细镰刀般锋利。
频繁将呼吸管露出水面呼吸的样子，非常像在敲打韩国的长鼓，所以在韩国又名"长鼓打"。	捕食时，其前肢像花蟹的螯一样有力，所以在韩国又名"花蟹郎"。
因为长相像蝎子，所以又被称为"水蝎"。	因长相和捕食方式都很像螳螂，所以被称为"水螳螂"。

观察日记

日期 6 月 16 日	地点 池塘	观察对象 半翅目水生昆虫

　　半翅目水生昆虫猎食蝌蚪或其他水生昆虫后，通常会先用刺吸式口器麻醉猎物，然后吸食猎物的体液。呼吸的时候，它们通常将呼吸管伸出水面，以交换空气。

半翅目水生昆虫图集

大田鳖： 水生昆虫中个头最大，捕食小鱼、青蛙等。

日拟负蝽： 捕食小鱼、蝌蚪。雄性会背负雌性产下的卵。

中华螳蝎蝽： 用镰刀般的前肢捕食，很像陆上的螳螂。

日壮蝎蝽： 将长长的呼吸管伸出水面呼吸。

霍氏蝎蝽： 体形比长蝎蝽小，呼吸管也短。

细角黾蝽： 游动时就像在水面滑行。

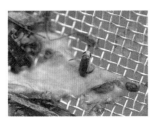

钟烁划蝽： 游动时后肢一起动，好像划桨。

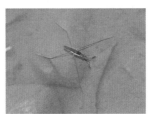

水黾： 吸食掉到水里的动物尸体的体液。

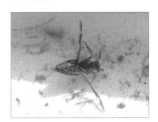

三点大仰蝽： 以仰泳姿势游动，吸食小型水生昆虫的体液。

被尸体吸引的水黾和仰蝽

　　落入水中的一只飞蛾的尸体周围，慢慢围聚过来一群水黾。身型纤细的水黾在水面游动的方式非常独特，它们以极快的速度游动，好像在滑冰。水黾有三对足，短小的前足用来捕猎，中间的一对足最长，用于驱动身体，后面的一对足用来控制方向。水黾身体轻盈，腿部布满极细的毛，且腿部能分泌油性物质，从而阻挡了水滴的浸润。得益于此，它们才可以在水面自由穿梭滑行。

　　"爸爸，水黾也会飞吗？"

　　"水黾是半翅目昆虫，成虫有翅膀，当然会飞。"

　　健宇以为，水黾只会在水面滑行，其实，水黾是标准的会飞的昆虫。

　　"健宇，看见水面上那只昆虫了吗？"

"哪里?"

我给他指了指水塘低洼处一只躺在水面上的昆虫,健宇这才看见,点了点头。

三点大仰蝽

"那就是躺在水面上的仰蝽。"

"你是说它在仰泳?"

仰蝽进到水里后,就采取仰泳的姿势游动。它的背像船底,两条后腿像船桨,这样可以保证它半隐匿在水中,不会沉底。这种昆虫佯装休闲,其实捕食能力很强,可以捕获比自己体形大的猎物,然后吸食它们的体液。

横纹划蝽

"它们都捕食什么?"

"它们会捕食小鱼、蝌蚪以及其他水生昆虫。"

虽然仰蝽会伤害水里的鱼卵、鱼苗,但它们和水黾一样,可以帮助清理水里的动物尸体,这倒是值得称赞的一个优点。

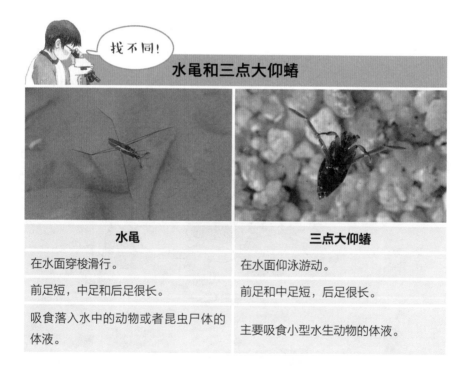

找不同!

水黾和三点大仰蝽

水黾	三点大仰蝽
在水面穿梭滑行。	在水面仰泳游动。
前足短,中足和后足很长。	前足和中足短,后足很长。
吸食落入水中的动物或者昆虫尸体的体液。	主要吸食小型水生动物的体液。

观察日记

日期 6 月 20 日	地点 水塘	观察对象 水生昆虫的游动方式

　　水生昆虫的游动方式可谓千姿百态：有两条足交替划动的自由泳，有两条后足同时划动的蛙泳，有背部朝下的仰泳，还有水面滑行。

咔嚓咔嚓

水生昆虫图片集

1. 自由泳
两条足交替划动。

红脊胸牙甲　　　　颤长节牙甲

2. 蛙泳
两条后足同时划动。

中国真龙虱　　　　日本短褶龙虱

3. 仰泳
背朝下，平躺游动。

三点大仰蝽（在水中时）　三点大仰蝽（在陆地时）

4. 水面滑行
在水面像滑冰一样滑行。

水黾　　　　　　　扁腹黾蝽

湿地水生植物

　　湿地里有很多水生植物，比如紫芒、日本苇、芦苇、戟叶蓼等。这些或水生或沼生或湿生的植物不仅可以观赏、药用，还可以吸收那些造成水质污染的磷、氮等有害成分，从而净化水质，优化湿地生态系统。

　　"健宇，对水生生物和水生昆虫来说，水生植物也是不可缺少的。"

　　"是因为它们可以为水生生物和水生昆虫提供食物吗？"

　　"这一点当然很重要，不过还有更重要的原因。"

水生植物生长的地方不仅是供鱼类产卵的产房，还是水生昆虫的休息室。抓住水草呼吸的水龟甲，在水草间穿梭的龙虱，攀栖于水草上的日拟负蝽和蝎蝽，都离不开水生植物。

"湿地生物真是多种多样啊。"

"是啊，种类繁多。"

以水生植物为中心的湿地生态系统，是众多水生生物的伊甸园，具有不可替代的生态功能，所以各个国家都在大力倡导保护湿地和珍稀动植物，促进生物多样性，共同维护地球生态平衡。

回家路上，健宇在车里睡着了，而且打起了呼噜，偶尔还"嘻嘻"笑起来，自言自语着什么，不知道他在梦里遇到了什么神奇的水生生物呢。

紫芒

芦苇

戟叶蓼

63

向生物博士看齐—— 湿地和湿地公约

广义地说，湿地指的是暂时或长期被淡水、积水、咸水等覆盖，包括低潮时水深不超过6米的水域，包括自然形成和人工围造的内陆湿地与海岸湿地。

内陆湿地（包含高山湿地）

内陆河口三角洲或溪水流经的湿地，可以调节洪水，减少危害，并为城市提供丰富的地下水源。韩国比较有名的内陆湿地有汉江、洛东江、蟾津江等河口三角洲，牛浦沼湿地生态公园，大岩山龙沼、鼎足山舞祭峙湿地公园，济州岛火山湿地等。

海岸湿地（包含沙滩）

从海水涨至最高潮位时淹没的地方，到退至最低潮位时露出的海岸之间的区域就是海岸湿地，包括沙滩和三角洲海岸。海岸湿地是地球生态系统中最富生命活力的地带，可以净化海水，预防台风，缓冲海啸，而且还是沿海渔业活动的基地。

湿地公约

　　为了保护逐渐消失的湿地和湿地生物，1971年在伊朗的拉姆萨尔召开的"湿地及水禽保护国际会议"上，通过了《拉姆萨尔公约》(全称《关于特别是作为水禽栖息地的国际重要湿地公约》，简称《湿地公约》)。韩国于1997年作为第101个缔约国加入，2008年在韩国庆尚南道昌原市举行了《湿地公约》第10届缔结方大会。

韩国的湿地保护区

　　截至2014年，韩国有19个湿地公约保护区，分别为：大岩山龙沼、五台山国家公园湿地、蔚州舞祭峙湿地、新安长岛湿地、牛浦沼、江华梅花藻栖地、首尔汉江栗岛自然生态区、泰安斗雄湿地、舒川滩涂、高敞·扶安滩涂、高敞云谷湿地、新安曾岛滩涂、务安滩涂、顺天湾·宝城筏桥滩涂、济州岛水长兀湿地、济州岛水灵岳湿地、冬柏东山湿地、汉拿山1100高山湿地、松岛滩涂。

4.我们在稻田见面吧

稻田里的白鹭和黑斑蛙

"大叔，您好！"

"你好！健宇也来锄草啊。"

两年前，我们一家就开始和周边邻居一起干稻田里的活儿。健宇看到稻田里全是水，很兴奋，他说稻田里一定有很多值得探索的水生生物。

"爸爸，白鹭在稻田里走来走去的，它在找什么？"

一只白鹭突然将头扎进稻田，好像捉到了什么，看来觅食成功了。

"我怎么好像听到了打嗝声。"

"那不是打嗝声，是黑斑蛙的叫声。"

健宇觉得好玩，鼓起腮帮子模仿起黑斑蛙的叫声。

韩语中，黑斑蛙的意思是"真正的青蛙"，是最常见的蛙种。成体黑斑蛙背部呈深绿色、黄绿色或棕灰色，具有不规则的黑斑，由于在稻田里经常能见到，过去也被称为"田鸡"。

　　"健宇，瞧，那边有一只小雨蛙。"

　　第一次见到伪装成草绿色的雨蛙，健宇高兴极了。

　　"爸爸，我可以摸一下雨蛙吗?"

　　"青蛙属于变温动物，你用热乎乎的手去摸，它会不高兴的，最好用眼睛观察。"

　　小雨蛙似乎觉察到了什么，逃到旁边的树上躲了起来。所以，雨蛙也被称为"树蟾"。

观察日记

日期 6 月 30 日	地点 池塘、湿地	观察对象 青蛙的叫声

在稻田、溪水、池塘、湿地，只要有水的地方，就可以见到青蛙。青蛙主要捕食小昆虫和小节肢动物，傍晚时分或湿度大的天气里，雄蛙会"呱呱"鸣叫。雄蛙的喉部下方或侧面有一个声囊，吸入气体时，声囊鼓大，产生共鸣，使得雄蛙的叫声尤其响亮。有些雄蛙的下巴两侧还有两个外声囊。雌蛙没有声囊，不能鸣叫。种类不同，青蛙的鸣叫声也不同。有经验的人靠鸣叫声就可以知道青蛙的种类。

 咔嚓咔嚓

蛙和蟾图集

黑斑蛙：咕嘟嘟

东北林蛙：嗷咯咯哦

东北粗皮蛙：嘟咯嘟咯

东方铃蟾：嗡嘤嗡嘤

东北雨蛙：呱呱呱呱

牛蛙[1]**：**唔嗡——唔嗡——

---

[1] 牛蛙是外来入侵物种。

稻田里的淡水螺类

　　稻田里多种多样的水生生物中也包括螺。健宇平时对螺就很感兴趣，这次照例要仔细观察。

　　第一次见到生活在水里的螺，健宇感觉很神奇。他或许在琢磨水里的螺和陆地上的蜗牛有什么区别。

　　"你仔细看看，这种螺的壳是左旋还是右旋？"

　　"好像是左旋的呢。"

　　"是啊，所以这种螺俗称'左旋子'。"

　　从日本引进的尖膀胱螺，与大部分陆生蜗牛的右旋壳不同，尖膀胱螺的壳是左旋的，主要栖息在稻田、水塘、江边或湖水里，尤其是水质不干净的地方，所以这种螺也是检验水质的指示物种。

　　"爸爸，这儿的螺好大啊。"

　　健宇发现的福寿螺也是外来物种。它正慢慢爬动，吃着杂草。

福寿螺交配完3~7天后，雌螺会于傍晚时分在植物的茎秆或水边产下150到1 000颗不等的粉红色球粒状卵。

"健宇，螺属于软体动物门里的腹足纲，腹足纲就是以腹为足的软体动物。"

螺、蜗牛、蛞蝓都属于腹足纲，他们都是用腹部爬行的软体动物。

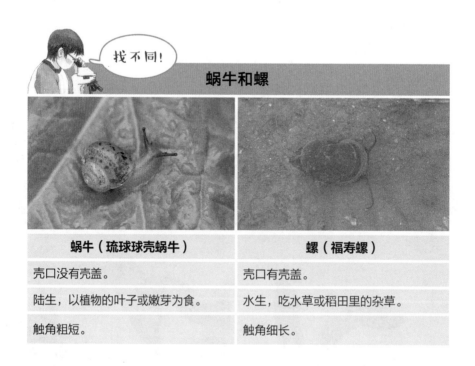

找不同！

蜗牛和螺

蜗牛（琉球球壳蜗牛）	螺（福寿螺）
壳口没有壳盖。	壳口有壳盖。
陆生，以植物的叶子或嫩芽为食。	水生，吃水草或稻田里的杂草。
触角粗短。	触角细长。

观察日记

日期 7月4日	地点 稻田、大海	观察对象 软体动物

　　软体动物是指身体柔软、没有体节的无脊椎动物。水生和陆生都有，比如腹足纲、双壳纲、头足纲等。蜗牛、蛞蝓是陆生软体动物，耳萝卜螺、中国圆田螺、海螺、花蛤、乌贼是水生软体动物。

软体动物图集

1. 腹足纲
以腹为足，有螺旋形的坚硬外壳。

琉球球壳蜗牛

尖膀胱螺

短滨螺

2. 双壳纲
足呈斧头状，有两片壳瓣。

四角蛤蜊

3. 头足纲
头部长有许多足。

章鱼

鱿鱼

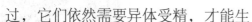

吸血的水蛭和水丝蚓

说起稻田，里面当然少不了令健宇大惊失色的水蛭。水蛭是一种嗜吸动物或人体血液的环节动物。随着野外探险经验的积累，健宇对动物的恐惧减轻了很多。

"爸爸，我抓到一只水蛭！"

1950~1960年，水蛭在稻田里随处可见，经常附着在插秧农夫的腿上吸血。它那刀刃般的颚片会紧紧黏附在人或水生动物的身上，比如黏附在淡水鱼、爬行类、两栖类动物的皮肤伤口处，吸食血液。水蛭吸血的时候会释放出一种水蛭素，防止血液凝固，因此，它们可以吸食相当于自己体重2~5倍的血液。

"健宇，你见过雌雄同体的动物吗？"

水丝蚓就是雌雄同体的动物，不过，它们依然需要异体受精，才能生

74

出健康的下一代。

　　水丝蚓是稻田里常见的底栖动物，藏身于由黏液和泥土做成的软管中，跟陆生蚯蚓一样，摄取泥土中的有机物，通过肛门排出蚓粪。多亏了这些蚓粪，稻子才能够更好地吸收营养物质。所以，水丝蚓被视为一种益虫。

　　和水蛭一样，水丝蚓也是一种环节动物，身形细长，由许多形态相似的环形体节组成，没有腿足。蚯蚓、水丝蚓、水蛭、沙蚕都是环节动物。

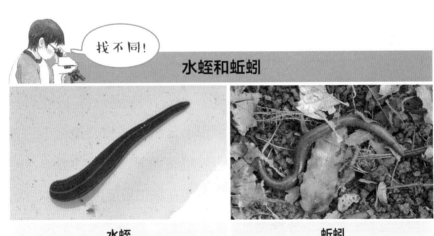

找不同！

水蛭和蚯蚓

水蛭

俗称蚂蟥，环节表面有体环，无刚毛。

身体有纵向条纹。

黏附在动物或人体上吸血。

栖息于稻田河川，雨后也不会上陆。

蚯蚓

各环节上无疣足，略有刚毛。

身体没有条纹。

以土壤中的有机物为食。

陆生，雨后现于地表。

会 "放屁" 的龙虱和沼梭

宽缝斑龙虱

短真龙虱

稻田水草间，龙虱"噗"的一声放了个屁，接着就消失了。健宇安静下来，耐心等待着。龙虱没有鳃，所以呼吸的时候必须要到水面上来。

"啊，龙虱！"

过了一会儿，龙虱果然将腹部末端露出了水面，吸入氧气。于是，它的鞘翅上就挂着一个充满氧气的小气泡。有了氧气，龙虱就可以在水下游动了。等氧气消耗完了，它就把后足高高翘起，就像游累了一样，慢悠悠地浮在水面。

在稻田、洼地、水库、池塘中，都可以发现宽缝斑龙虱、短真龙虱、小雀斑龙虱等。宽缝斑龙虱和小雀斑龙虱会在稻田里度过寒冷的冬天，而短真龙虱在干燥的冬季会迁移到周边的水塘或水库中，等第二年春天稻田灌满水后，再迁回来。

"爸爸，那边像小豆子的是什么？小龙虱？"

健宇手指的是圆眼粒龙虱和日本异爪龙虱。它们的体长不足4毫米，卵呈圆形，怪不得健宇叫它们小龙虱呢。

中型沼梭

"爸爸，这里也有一些小龙虱。"

"那是沼梭。"

"沼梭?"

沼梭因为长得很像蜱虫，所以，在韩国又被称为"水蜱虫"。沼梭属于鞘翅目，有3对足。而蜱虫是蛛形纲寄生虫，有4对足。

濒危昆虫大田鳖和天然纪念物平家萤

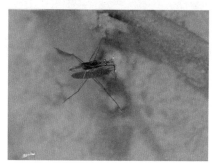

扁腹鼋蝽

田埂边，有很多啃噬稻子的昆虫：一跳一跳的中华稻蝗和中华剑角蝗，吸食稻汁的椿象和飞虱，以及钻到稻秆里取食的螟蛾幼虫。

"爸爸，水黾怎么也生活在稻田里?"

"那是扁腹鼋蝽，就生活在稻田里。"

扁腹鼋蝽是水库、河川、池塘里寻常可见的小型水黾。在稻田里，它们可以捕食飞虱和螟蛾等害虫。

"健宇，如果在稻田里撒些农药，会怎样?"

"嗯……稻田里的水生生物可能会死掉。"

"对，正是因为农药，稻田里已经很少见到大田鳖和平家萤了。"

"大田鳖和平家萤也生活在稻田里?"

大田鳖是凶猛的猎食者，在韩国被称为"水中将军"。它们常常潜伏在水底，一旦发现猎物，便会用粗壮的前肢扑住猎物，比如稻田里的泥鳅。

如今，不加节制地使用农药，使得稻田里的泥鳅越来越少，猎食泥鳅的大田鳖也随之减少，变得越来越罕见，以致大田鳖成了濒危物种。幸运的是，濒危物种复育活动正在推行，人工饲养的大田鳖逐渐被放生回稻田。

大田鳖

"爸爸，原来平家萤也栖息在稻田里?"

"平家萤的成虫会飞来飞去，但它们的幼虫生活在稻田和河川里，主要吃稻田里的田螺。"

平家萤

平家萤的消失也和大量使用农药有关。田螺因农药而减少，因此，以田螺为食的平家萤也越来越少。此外，稻田缩减、光污染也是造成平家萤消失的主要原因。过去，平家萤多得像狗屎，被人戏谑地称为"狗屎虫"。但是如今要想见到一只平家萤，只能到偏远的山间或农田周边去找了。

"健宇，你见过萤火虫发光吗?"

"见过啊，在奶奶家见过，非常漂亮。"

有着发光细胞的萤火虫，在宁静的夜晚，点点闪烁，温暖人心。韩国全罗北道茂朱郡雪川面的河川地域，原来是一片美丽的萤火虫栖息地。如今这里被指定为天然纪念物，就是因为萤火虫独具特色的文化价值。萤火虫对生活水质和环境的要求非常高，所以也是监测环境污染的指示物种。

观察日记

日期 7 月 5 日	地点 稻田	观察对象 萤火虫

　　萤火虫是能够唤起童心和儿时美好记忆的昆虫。但是，由于工业和城市化的急速发展，严重破坏了萤火虫的栖息地，导致如今即使在农村，也难以见到萤火虫了。环境生态学者认为，萤火虫是优质生态环境的指示物种。与其他昆虫相比，萤火虫对水质污染和环境破坏的反应尤为敏感。

1. 萤火虫为什么被称为"狗屎虫"？

　　关于萤火虫为何被称为"狗屎虫"，有好几种说法。一种说法是，过去萤火虫太多、太常见，就像狗屎一样。另一种说法是，萤火虫喜欢潮湿的地方，白天会躲在温乎乎的狗屎或牛屎旁，到了晚上再出来活动，"狗屎虫"这一绰号由此得名。

2. 萤火虫为什么会发光？

　　萤火虫的发光细胞内有荧光素和荧光素酶，它们与氧气进行一系列化学反应，从而发出光亮。通常，萤火虫发光是为了求偶。不同种类的萤火虫，发光方式和发光的时间长短也不一样。

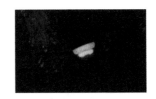

萤火虫

3. 借助萤火虫的光可以读书吗？

　　一只萤火虫的光很弱，但 200 只萤火虫的光聚在一起就可以读报纸了。只是，这么多萤火虫不太可能同时发光，所以也没有想象中那样亮。中国有个成语叫"囊萤映雪"，其中的"囊萤"指的是车胤儿时家贫，夏夜把一些萤火虫集中放进一个袋子里，借萤火虫发出的光读书，后来他出人头地了。

向生物博士看齐——稻田生态系统

　　与自然形成的生态系统不同，稻田是有很多人为因素参与其中的半自然生态系统。在稻田以及周边的池塘、堤堰、池沼、水库等静水域或水流静缓的水域里，栖息着以水生昆虫为主的多种多样的生物。

　　水生昆虫不仅可以维持农村生物的多样性，还是众多鱼儿和水鸟的重要食物来源。稻田生态系统是水生生物的乐园，因其生物多样性的价值被指定为"湿地公约里的重点保护湿地"。

一、稻田四季

　　在韩国，除去山林，稻田约占国土面积的40%。离开城市，稻田随处可见。一年四季，景观各异。

春： 刚刚插上的稻苗嫩绿可人。

夏： 经历了台风的稻子坚韧生长。

秋： 金黄色的稻田美不胜收。

冬： 收割后的稻田覆盖着冷霜寒雪。

二、稻田里的水生生物

稻田生态系统里有水生昆虫、水生无脊椎动物、鱼、鸟等多种多样的生物。

1.节肢动物

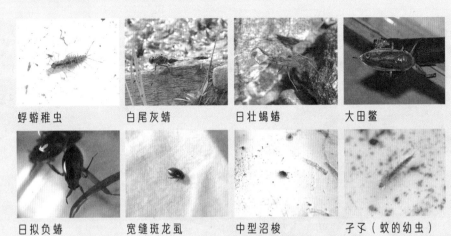

蜉蝣稚虫　　白尾灰蜻　　日壮蝎蝽　　大田鳖

日拟负蝽　　宽缝斑龙虱　中型沼梭　子孑（蚊的幼虫）

2.软体动物

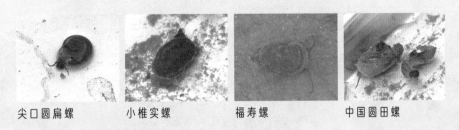

尖口圆扁螺　小椎实螺　　福寿螺　　中国圆田螺

3.环节动物和脊椎动物

水蛭　　　水丝蚓　　　黑斑蛙　　　白鹭

5.我们在河川见面吧

迁飞昆虫黄蜻

今天是我们去河川探访水生生物的日子。

"健宇，别忘了遮阳帽!"

靠近河岸的地方，大树的枝叶已经遮不住阳光了，阳光炙热的时候，一定要戴遮阳帽。健宇热得直流汗，说什么都不想戴帽子。不过，到了岸边，健宇就乖乖戴好帽子了，因为太阳实在太大了。

"爸爸，河川里的水最终流向哪里?"

"当然是大海。"

源自高山融雪的水，顺地势而流，形成湖泊或河川。有些河流因蒸发、渗漏，或者没有支流的汇入，有可能消失于内陆；还有些是季节性河流。除此之外，河流一般会最终流入大海。河川流域也是独具特色的生态系统，有着众多水生生物。健宇早就期待已久。

"哇，蜻蜓!"

健宇挥着捕虫网，试图捉到一只蜻蜓，但是素有"滑翔机"之誉的蜻蜓哪儿那么容易就范。健宇左奔右跑，不一会儿就累得瘫坐在地上了。

"唉，难道蜻蜓不觉得累?"

"蜻蜓可是空中飞行员啊，况且你追的黄蜻，是最善于飞行的蜻蜓之一。它们能长时间在空中盘旋，几乎不落在草叶上。"

黄蜻

"黄蜻的飞行能力那么厉害啊。"

"是的。它们是来自赤道的热带地区，经过太平洋，飞到我们国家的迁飞昆虫。"

"迁飞昆虫?"

从国外跋山涉水远渡而来的昆虫就是迁飞昆虫。黄蜻的翅膀很宽大，可以借助风的力量飞行，减少能量消耗，从而进行长距离迁飞。不过，黄蜻的卵和稚虫无法在韩国过冬。

"爸爸，怎样才能捕到黄蜻？你教我个办法。"

黄蜻的翅膀

抓取小石子的黄蜻

"你得先守住一个地方，看好时机，快速挥网。"

我和健宇握紧捕虫网杆，静静地等待了好一会儿，终于在黄蜻经常飞过的一个拐角处捕到了一只。

"哈哈，抓住了！"

"怎么样？爸爸说得没错吧？"

在韩国，由于黄蜻身上的黄色太像韩国的黄酱，所以黄蜻又被称为"黄酱蜻"。我们发现，黄蜻的后翅非常大。黄蜻的力气也很大，可以抓起一颗小石子呢。

红彤彤的红蜻蜓和飞行健将碧伟蜓

"爸爸，草叶上有一只红蜻蜓。"

"那是红蟌，但我们经常说的'红蜻蜓'，是另一类学名为'赤蜻'的蜻蜓。"

我们经常说的"红蜻蜓"，学名为"赤蜻"。在日常生活中，我们常把秋赤蜻、褐带赤蜻、姬赤蜻和竖眉赤蜻等赤蜻属的蜻蜓统称为"红蜻蜓"，因为它们长相差不多，确实难以辨认。在辣椒红透的秋季，它们经常停落在辣椒茎秆上。

"健宇，你刚才看见碧伟蜓了吗?"

"碧伟蜓? 飞哪里去了?"

在蜻蜓中，碧伟蜓的飞行速度最快，据说时速可达58公里。它们在池塘、水库、河川上空快速飞行，守护着自己的领地。

碧伟蜓的领地意识很强，雄虫会和飞入自己领地的雌虫交配，之后，雌虫将卵产在水生植物的茎秆上。孵化出的碧伟蜓稚虫栖息在水里，以池塘或水库里的小鱼、小虾以及水生昆虫为食。

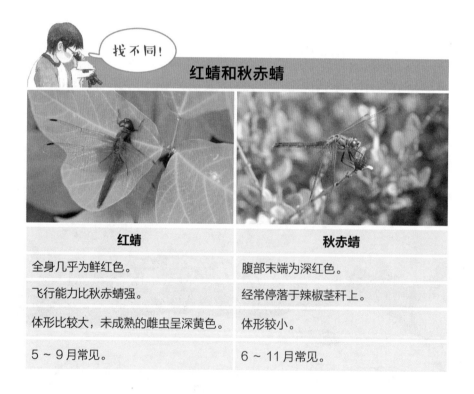

找不同！

红蜻和秋赤蜻

红蜻	秋赤蜻
全身几乎为鲜红色。	腹部末端为深红色。
飞行能力比秋赤蜻强。	经常停落于辣椒茎秆上。
体形比较大，未成熟的雌虫呈深黄色。	体形较小。
5～9月常见。	6～11月常见。

观察日记

日期 7 月 11 日	地点 河川	观察对象 蜻蜓

蜻蜓的稚虫生活在池塘、水库、溪水、河川里，羽化后，它们会生出翅膀，成为空中飞行员。与细长的腹部相比，蜻蜓的翅膀宽阔轻盈，非常适合飞翔。而 6 条腿上的粗毛，也有助于它们捕获猎物。

1. 能够抓住猎物和树枝的腿脚

捕获猎物的时候，蜻蜓的 6 条腿像一个篮筐，能牢牢地裹住猎物，这种本领也使得它们停落时，能紧紧地握住草叶或树枝。蜻蜓凭借如此出色的抓握能力，能够抓取一颗小石子。

2. 体温过高时翘起的尾巴

为了防止体温过高，白天，蜻蜓会高高翘起尾巴，为的是让身体表面尽可能少地接受阳光照射。所以，通过观察蜻蜓尾巴翘起的角度，可以判断大致的时间。

3. 雌雄不一样的体色

褐带赤蜻（雄性）　　褐带赤蜻（雌性）　　　异色灰蜻（雄性）　　异色灰蜻(雌雄交尾)

草地里的节肢动物

十三星瓢虫

河边绿油油的草地上，健宇一蹦一跳地追着蝴蝶。常常是眼看就要捕到了，蝴蝶却飞走了。他就这样不知疲倦地追着。偶尔，他的捕虫网里也会有斑缘豆粉蝶、菜粉蝶、黄钩蛱蝶、红珠灰蝶等。健宇仔细观察后，便会放走蝴蝶。

"健宇，这里有一只十三星瓢虫。"

在韩国，十三星瓢虫被称为"十三星长腿巫女虫"。健宇数了数瓢虫鞘翅上的黑点，并给瓢虫拍了照。每次发现神奇的昆虫，他都很兴奋。

"爸爸，草地上昆虫真多啊。"

"这里的草地这么舒服，当然是昆虫的乐园了。"

有在草叶上停留片刻又跳走的蚂蚱，身材极为苗条的草螽，发出窸窣声的雄性中华剑角蝗。

要抓住弹跳力和飞行能力俱佳的中华剑角蝗，可不是一件容易的事情。

"啊！爸爸，快过来帮帮我！"

正在草丛中兴奋地寻找昆虫的健宇被蜘蛛网绊住了。蜘蛛辛辛苦苦结成的网就这样被健宇弄破了，但是让健宇大吃一惊的，是这张网的主人。它身体的颜色非常艳丽，混杂着黑褐色、黄色和红色的斑纹，长长的足上也有黑黄相间的环纹。

中华剑角蝗

这种名叫"棒络新妇"的蜘蛛，在韩国也有一个奇特的名字——女巫蜘蛛。我们常见的棒络新妇大部分是雌性蜘蛛，雄性棒络新妇个头非常小，很不起眼；而且雄性棒络新妇在寻找交配对象的时候，必须小心翼翼地注意着雌性棒络新妇的动向，因为稍不小心，就会被雌性棒络新妇吃掉。

棒络新妇

集体飞舞的蜉蝣

傍晚时分，我们开车来到了开阔的河边。河水和晚霞交相辉映，非常漂亮。

"健宇，稍等一会儿，马上就能看到壮观的一幕了。"

天色渐渐暗了下来，河面上空开始聚集起一群群蜉蝣。为了寻找中意的交配对象，它们在空中集体飞舞。

"爸爸，蜉蝣为什么要等天色暗下来才出来找交配对象？"

"为了防止被天敌发现啊。趁着天光暗淡'婚飞'，才更安全。"

"那么多蜉蝣，都在今天完成交配吗？"

"也有很多找不到对象的啊。"

"真的吗？好不容易活一天，找不到对象就死去，它们好可怜。"

蜉蝣的集体死亡

健宇以为，蜉蝣真的是朝生暮死，只有一天的生命。因为在韩国，蜉蝣被称为"一日生"。其实，有些蜉蝣成虫能够拥有2~3天的寿命。交配成功的雄性蜉蝣会筋疲力尽而死，雌性蜉蝣会回到河里产卵，然后也死去。在水中孵化的蜉蝣稚虫，要经过1~2年才能长大为成虫。蜉蝣的稚虫是水中鱼儿们的天然饵料。

蜉蝣和蜻蜓有很多相似之处。它们的稚虫都生活在水里，成虫后盘旋于水面。蜉蝣也是非常原始的有翅昆虫，和蜻蜓目被分在古翅次纲下，它们的翅膀不能折叠。鞘翅目昆虫、半翅目蝽科昆虫、直翅目昆虫的翅膀基本都可以折叠，但不能向上方舒展开来。蜉蝣变为成虫后口器退化，不能取食，这一点和蜻蜓不同。

观察日记

日期 7月16日	地点 河川	观察对象 蜉蝣

　　蜉蝣成虫的寿命很短，通常为数分钟至数日。常见的蜉蝣有白色和淡黄色的。翅脉原始，呈网状。稚虫水生，以水生藻类、水中碎屑或腐殖质为食，变为成虫后口器退化，不能进食。常见于溪边、河川、池塘等处，种类繁多。

蜉蝣图集

1. 蜉蝣退化的口器

　　蜉蝣稚虫的口器是咀嚼式口器，变为成虫后口器退化，不能进食，靠稚虫时积攒的营养生活，所以寿命很短。

2. 蜉蝣的尾丝

　　蜉蝣无论是成虫还是稚虫，都有 2 根或 3 根尾丝。韩国有 100 余种蜉蝣，种类不同，尾丝的形状也多种多样。

3. 蜉蝣稚虫的呼吸

　　正如鱼用鳃在水中呼吸一样，蜉蝣稚虫也有一个独特的呼吸器官。蜉蝣稚虫的腹部有成对的气管鳃，以此吸取水中溶解的氧气。

江河里的动物

第二天，我们来到河边看鱼。健宇下水前，我告诉了他几条注意事项。

"健宇，一定要穿拖鞋下水，别碰伤了脚。另外，有些地方有暗流，要是水没过膝盖，一定不要下去。还要注意，水底石头是很滑的。"

"知道了！长官！"

接着我们合作架好了渔网。

在韩国河川上游清冽的水里，有高丽雅罗鱼、尖头鱥、圆尾高丽鳅。中游有斑鳜、宽鳍鱲（liè）、朝鲜鳝（yù）。水流平缓的下游有鲤鱼、鲫鱼、鲇鱼以及外来鱼种大口黑鲈、蓝鳃太阳鱼等。在淡水和海水交汇的汽水域里，有条尾裸头虾虎鱼、矛尾复虾虎鱼、暗缟虾虎鱼等。

圆尾高丽鳅

斑鳜

大口黑鲈

红耳龟

"爸爸，这河里怎么也有乌龟？"

"那是红耳龟，属于爬行纲。"

"红耳龟？"

红耳龟的两只眼睛后面各有一条红色条纹，那个部位就是它的耳朵，红耳龟也因此而得名。红耳龟原产地并非在巴西，而在北美密西西比河河岸，后来扩散到世界各地。它们性格活泼好动，繁殖和生存能力都极强，到了当地会大量掠夺同类的生存资源，造成本土物种的遗传变异，甚至消失，是世界上最危险的入侵物种之一。如今在韩国的水域里，本土乌龟很难见到了，反倒是这种杂食性红耳龟最为常见，它们吃水生植物，也吃小鱼、小虾、水生昆虫等。

观察日记

日期 7 月 20 日	地点 河川	观察对象 淡水鱼

    淡水鱼指的是生活在江河、湖泊、溪水等盐分大约为千分之三的淡水里的鱼类。全世界有 1 万余种淡水鱼。韩国有 180 余种淡水鱼。乌鳢（lǐ）、鲇鱼、长吻似鮈（jū）、尖头鱥等是韩国常见的淡水鱼。大口黑鲈、蓝鳃太阳鱼和白鲫属于外来鱼种。

淡水鱼的特征有哪些?

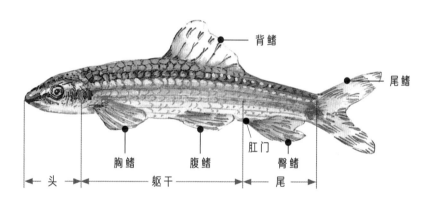

1）有脊椎（脊椎动物）。

2）体温随水温而变化（变温动物）。

3）用鳃呼吸（用鳔呼吸的肺鱼除外）。

4）卵生（卵胎生的许氏平鲉除外）。

5）有鱼鳞（泥鳅除外）。

6）水生（弹涂鱼除外）。

向生物博士看齐—— 水生生物的种类

溪流、河川、水库、池塘、大海里生活着种类繁多的水生生物，包括体形大、有脊椎的哺乳类、爬行类、两栖类、鱼类等脊椎动物和体形小、没有脊椎的节肢动物、软体动物、环节动物、扁形动物、刺胞动物等无脊椎动物。此外，还有多种多样的水生植物，它们为水生生物提供氧气和食物。

一、脊椎动物

1. 哺乳类

多数全身被毛，恒温胎生。

水獭　　　　　　海狸鼠

2. 爬行类

通常为卵生，受精卵有壳，变温动物。

红耳龟　　　　　乌龟

3. 两栖类

皮肤湿润，用皮肤或肺呼吸，卵生。

 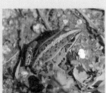

东北小鲵　　　　黑斑蛙

4. 鱼类

身体呈流线型，有鱼鳞，用鳃呼吸，通常为卵生。

马苏大麻哈鱼　　鲤鱼

二、无脊椎动物

1. 节肢动物: 体外覆盖几丁质外骨骼,身体和足分节。一般卵生。

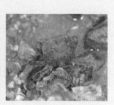

条纹蜉稚虫
(昆虫纲)　　黑大山蜻稚虫
(昆虫纲)　　朝鲜蝲蛄(甲壳纲)　天津厚蟹(甲壳纲)

2. 软体动物: 身体柔软,内无骨骼,有外套膜包裹,水生种类用鳃呼吸。

3. 环节动物: 身体分成许多形态相似的环形体节,雌雄同体。

尖口圆扁螺　　蛤蜊　　水蛭　　水丝蚓

4. 棘皮动物: 身体呈辐射对称,外有表皮,多为雌雄异体,体外受精。

5. 其他无脊椎动物

海胆　　海星　　涡虫　　铁线虫

三、水生植物

水生植物不仅为水生动物提供食物,还是水生动物产卵和休息的场所。

芦苇　　凤眼莲

101

6.我们在海边见面吧

鸣声像猫叫的黑尾鸥

为了让健宇好好观察海洋生物，我们来到健宇妈妈的一位朋友家。这位朋友住在黄海的一个小岛上。

"你就是健宇啊，长这么大了！"

好久不见，健宇妈妈的朋友非常热情地招呼我们。

"哇，好不容易来一次，这次可要好好观察了。"

打过招呼后，我们一起去海边散步。生活在城市，每天感受着逼仄拥挤，来到开阔的海边，健宇兴奋地又跑又喊。

"健宇，黄海很漂亮吧？"

"是啊，以前我只觉得日本海最漂亮，没想到黄海更美。"

韩国三面环海，想要看海并不是一件难事。

"健宇，世界上谁心胸最宽广？"

"当然是爸爸妈妈了。"

"哈哈，什么时候变得这么能说会道了。那么比爸爸妈妈心胸更宽广的，就是大海了。"

黑尾鸥

陆地上的外流河，最终都会流入大海；空中的水蒸气，最终也会变成雨雪，落入大海。所有这一切，大海都敞开宽阔的胸怀纳入其中。

"呀欧呀欧！"

"爸爸，是黑尾鸥。"

黑尾鸥的脚是黄色的，尾巴是黑色的，喙尖红色并且有黑色环带，会发出猫一样的叫声，所以在日本，黑尾鸥被称为"海猫"，在韩国被称为"猫鸥"。

"对海上的渔夫来说，黑尾鸥很重要。它们能告诉渔夫哪里有鱼。"

"渔夫怎么理解它们发出的信号？"

海面上空翱翔的海鸥，如果成群聚集到一个地方，就说明那里有鱼。经验丰富的渔夫会观察海鸥的动向，知道朝哪个方向撒网会捕获更多的鱼。

"爸爸，黑尾鸥旁边是什么鸟？好像是一只奇怪的鸭子。"

"那只也是黑尾鸥啊，是黑尾鸥的小宝宝。"

"你是说那也是黑尾鸥?"

黑尾鸥的雏鸟全身呈褐色，要等到第二年才渐渐变成灰色，第三年才能羽翼丰满。怪不得健宇会认为它们是和黑尾鸥完全不一样的鸟类。

海边还有凤头䴙䴘（pì tī）、鸭子、鹬等鸟类，健宇看到什么都觉得很新奇，他一一做了记录，甚至还数了数量。

盐生植物和生活在沙滩上的昆虫

观察完水鸟后，我们来到盐碱滩涂和沙滩，想看看盐生植物。这里有肉质的盐角草，还有一年中变色七次的七面草。

"爸爸，那边有昆虫在飞。"

"那是生活在沙滩上的虎甲。"

"虎甲也生活在海边？"

"当然，海边有很多种类的虎甲。"

我们拿着捕虫网，蹑手蹑脚地行动，开始捕捉那些生活在海边的虎甲。虎甲反应非常灵敏，能够感受到微小的动静。

"哇，抓到了！"

"是莱维斯虎甲！"

莱维斯虎甲主要生活在韩国西海岸和南海岸的沙滩以及盐碱滩涂的边缘，行动异常敏捷，以海边的小昆虫为食。它们的幼虫会挖陷阱，捕食掉入陷阱的昆虫。

盐角草

七面草

"突突！"

健宇看到一只蝗虫，赶紧追了上去。沙滩和草地上，蝗虫寻常可见。不过，有一些特别的蝗虫，在山里和草地上几乎见不到，只有在海边上才能见到，比如花胫绿纹蝗和尘尖翅蝗。花胫绿纹蝗的后腿带有蓝色和红色，尘尖翅蝗脚爪的肉质基盘非常发达，身上的花斑是极好的伪装，不易被天敌发现。

观察日记

日期 9 月 5 日	地点 盐碱滩涂和沙滩	观察对象 海边生物

让我们来看看有哪些适应海边环境的生物。

 咔嚓咔嚓
海边生物图集

1. 生活在沙滩上的生物

莱维斯虎甲

秋赤蜻

肾叶打碗花

2. 生活在泥滩和盐碱地的生物

日本大眼蟹

托氏蝠螺

盐角草

3. 生活在沙滩以及沙滩边缘草地中的生物

花胫绿纹蝗

尘尖翅蝗

展缘异点瓢虫

横着走的螃蟹和扎人的藤壶

清白招潮蟹

"爸爸，海水开始退潮了。"

受太阳和月亮的引力影响，主要是月亮引力的影响，大海朝生为潮，夕生为汐，一天两次，随月升衰，涌上来的为涨潮，退下去的为退潮。

"健宇，看到沙滩上的洞眼了吗？那里有螃蟹。"

在韩语中，"螃蟹"一词源于动词"爬行"。健宇开始观察沙滩上的螃蟹。

沙滩上的螃蟹是鹬科水鸟和海鸥争食的对象。鹬鸟的喙细长，有的还向下弯曲，很适合捕食隐匿于沙滩里的螃蟹；而有着"海边清洁工"之称的黑尾鸥，其尖利的喙能把螃蟹的腿撕断。

海里也有螃蟹、蝼蛄虾、海蟑螂等甲壳类生物。淡水生物无法适应海水环境，根据渗透作用原理，会因为无法排出进入体内的盐分而死去。海水动物却不存在这样的问题。

"啊，好疼！"

脱了拖鞋，光脚走在沙滩上的健宇，看来是踩到藤壶了。在韩语中，藤壶的意思是"扎人的贝壳[1]"。用手摸或者光脚踩上去都会被扎疼。斗笠模样的藤壶具有坚硬的石灰质外壳，并附着在岩石上，海水退潮后，壳盖闭合；海水冲过来时，它们就打开壳盖，吃浮游生物。

蝼蛄虾

海蟑螂

藤壶

---

[1]　藤壶因具有坚硬的石灰质外壳，长期以来被误认为是贝类，但实际上并不是贝类，而是甲壳动物。

种类繁多的贝类

"爸爸，海边也有田螺啊。"

看来健宇是误把短滨螺看成田螺了。

短滨螺是海边高潮区岩石上很常见的一种小海螺，俗名"香波螺"。在韩国，较常见的海螺还有享有"滩涂清洁工"之称的托氏蝐螺和螺肉为橙红色、壳面有螺肋的脉红螺。

"健宇，你猜这个贝壳几岁了？"

"又不是木头，我怎么知道贝壳的年龄。"

和树木有年轮一样，每过一年，贝壳也会长出一圈年轮线。

健宇的小铲子上粘了一个东西，原来是壳厚坚实、有花纹的花蛤。在韩语中，花蛤的读音是一个拟声词，即挖花蛤时发出的"吧啦吧啦"的声音。它们生活在浅海沙滩，是韩国人非常喜欢吃的一种贝类。韩国人通常用它来做汤，或者做花蛤面。

"健宇，你知道滩涂沙滩上也生活着一种叫长蛸的章鱼吗?"

长蛸白天躲在较深的泥沙里，得用铲子才能挖出来。晚上它们就回到大海，有趋光性，需要灯光诱捕。

水蛸、短蛸和乌贼不会到浅滩，它们生活在海里，捕捞方式也各不相同。短蛸喜欢钻进洞穴，所以适合用壶形鱼篓捕捞。

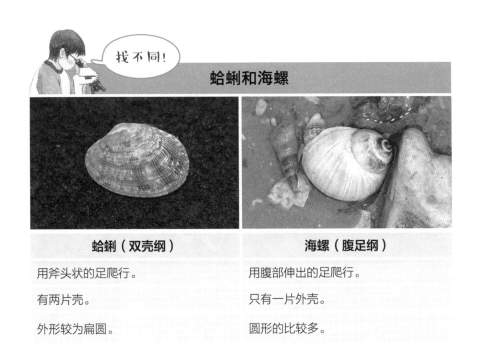

找不同!

蛤蜊和海螺

蛤蜊（双壳纲）	海螺（腹足纲）
用斧头状的足爬行。	用腹部伸出的足爬行。
有两片壳。	只有一片外壳。
外形较为扁圆。	圆形的比较多。

观察日记

日期 9月12日	地点 滩涂沙滩	观察对象 滩涂沙滩生物

螃蟹、蛤蜊、长蛸都会在滩涂沙滩挖洞穴居，但是它们的洞穴深度和形状各不相同。

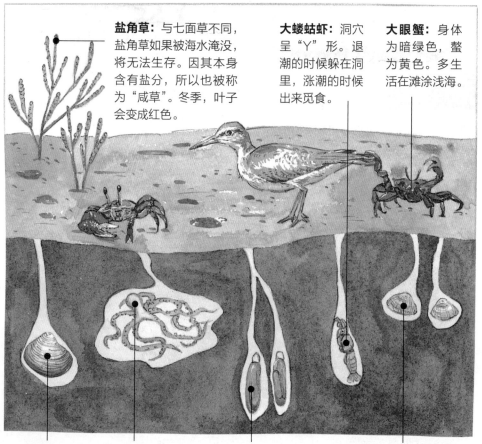

盐角草： 与七面草不同，盐角草如果被海水淹没，将无法生存。因其本身含有盐分，所以也被称为"咸草"。冬季，叶子会变成红色。

大蝼蛄虾： 洞穴呈"Y"形。退潮的时候躲在洞里，涨潮的时候出来觅食。

大眼蟹： 身体为暗绿色，螯为黄色。多生活在滩涂浅海。

四角蛤蜊： 外壳表面有黑褐色横纹，生长线细密。两片壳闭起来的时候，像球一样圆。

长蛸： 有8条腕足，躲在岩石缝或者洞穴里，发现猎物时，用长腕捕捉。

长竹蛏： 长得像竹节，呈黄褐色，洞口在沙子下5厘米左右。若在洞口撒点儿盐，过一会儿它们就会爬出来。

花蛤： 大小、花纹、形态等，随栖息地不同而不同。是韩国人最喜欢吃的贝类。生长、繁殖都很快，多人工养殖。

大海里的大型动物

不知不觉，天色就暗了下来，我
和健宇在看海面上空层层晕染的晚霞。
比起在江边看过的晚霞，海边的晚霞
显然更胜一筹，非常漂亮。健宇拍了
很多照片。

海龟

"爸爸，这边的海里应该有很多海龟吧?"

"那还用说。"

韩国的东海岸和南海岸，有很多绿海龟、红海龟和棱皮龟。
绿海龟主要以海藻为食，一次能产下300多颗卵；红海龟主要以鱼
类、甲壳动物和软体动物为食，一次能产下500多颗卵；而龟鳖
类中体形最大的棱皮龟是杂食性的，会吃海藻、海蜇、鱼虾蛤蟹，
甚至水母等，体长在150厘米～250厘米之间。

"也有鲸和鲨鱼吗?"

"当然有。"

韩国海域中有灰鲸、海豚、长须鲸、抹香鲸等。鲸是海洋哺乳动物。生活中,我们常常把鲸和海豚分开,而在动物学中,它们同属鲸类。鲸类动物通过头顶上方的呼吸孔呼吸空气时,会喷出水柱,看起来就像喷泉一样,很壮观。

韩国附近海域里的鲨鱼有宽纹虎鲨、梅花鲨、白斑星鲨、哈氏原鲨等。鲨鱼主要吃海龟、海豹和鱼类。鲨鱼头部附近有一个"罗伦瓮",可以帮助鲨鱼感受到猎物传来的电场信号。

"爸爸,韩国三面环海,每一片海域里生活的鱼类都不一样吗?"

"没错。"

东面日本海的太平洋鳕鱼、黄线狭鳕(明太鱼)、秋刀鱼很有名,西面的黄海里有很多斑鰶、大弹涂鱼、小黄鱼、斑鰶(jì),南边的海域主要生活着日本鲭、条石鲷、黑鲉鲢。

济州岛作为海洋鱼类的天然乐园，日本方头鱼、克氏双锯鱼和带鱼是其特色。

"健宇，水生生物探索活动有意思吧?"

"有意思，非常有意思!"

从和健宇开始探索水生生物起，不知不觉已经过去4个月了。每次外出探索，健宇都兴奋不已。我一直陪在健宇身边，也从中学到了很多知识。这真是一次难忘的经历，也将成为我们共同拥有的最珍贵的幸福回忆之一。

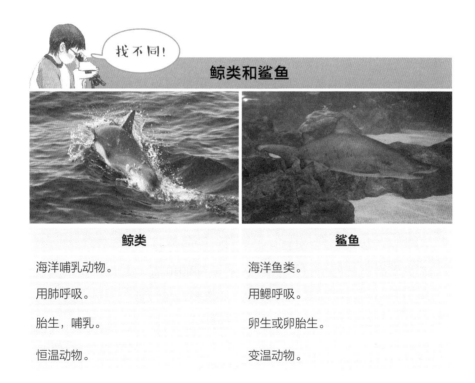

鲸类和鲨鱼

鲸类	鲨鱼
海洋哺乳动物。	海洋鱼类。
用肺呼吸。	用鳃呼吸。
胎生，哺乳。	卵生或卵胎生。
恒温动物。	变温动物。

送给健宇的礼物——水中小王国

"健宇，我们在客厅做个水族箱怎么样?"

"哇! 爸爸，真的吗?"

从小岛旅行回来后，我们决定在客厅增添一个水族箱，目的是让健宇更加近距离地观察水生生物。健宇拿出《水生生物图鉴》，研究了好几天，琢磨着到底养什么鱼才好。

最后，我们决定将客厅一面墙的周边空间空出来，布置一个大型鱼箱。

"哇，那样的话，真的好大! 可以养鲨鱼了。"

"鲨鱼会把其他鱼都吃掉，那怎么办?"

"哈哈，这倒也是。所以很可惜，只能排除鲨鱼了。"

我和健宇认真地布置水族箱。为了让鱼儿呼吸顺畅，需要有一个性能良好的氧气泵，还需要一个水温计，以及那些能让鱼儿惬意休息的水草和石头，这些都很重要。看到自己亲手布置的水中小王国一点点地成型，健宇高兴极了。

"妈妈说孔雀花鳉最漂亮。健宇，你想养什么?"

"我觉得霓虹脂鲤最好，其次是黑神仙鱼。"

如果能养孔雀花鳉、霓虹脂鲤、黑神仙鱼、慈鲷这些五颜六色的热带鱼，水族箱会很好看。

　　"或者像爸爸说的，红剑鱼也不错。"

　　红剑鱼对水温和水质没那么挑剔，所以对初次养鱼的人来说，比较容易侍弄。

　　"爸爸，喂食和清扫的活儿就交给我吧。"

　　妈妈还没开始吩咐，健宇就自告奋勇地承担了。看来送给他这个礼物送对了，托水生生物的福，健宇已经知道替他人着想、分担家务了。

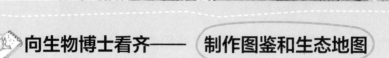

向生物博士看齐—— 制作图鉴和生态地图

一、制作水生生物图鉴

　　溪流、河川、水库、湿地、稻田、滩涂，里面不知有多少丰富多彩的水生生物。观察结束后，试着自己制作一份图鉴吧。给观察对象拍照，将这些生物的名字、来源、特征、与环境的关系等内容整理记录下来，就是一份属于自己的水生生物图鉴了。

1. 选定地点

　　溪流、池塘、湿地、水库、河川、稻田、滩涂、大海等。

2. 现场探索

　　通过探索，实地观察水生生物。给它们拍照，需要的话可以采集一些。

3. 整理资料

　　整理出一份目录，将水生生物的名称、来源、相关传说、与环境的关系等内容整理、展示。

4. 制作图鉴

　　通过实地观察和资料整理，进行合理编辑，制作出一份图鉴，给同学们展示。

二、制作水生生物生态地图

　　池塘、溪流、河川、湿地、稻田、滩涂，是一个个看似独立却有着千丝万缕联系的生态自然圈，调查一下这些生态系统里都生活着哪些生物，试着自己制作一份生态地图吧。也可以和同学们分组合作，每组选定一处，一起出去实地考察，回来一起整理资料，切磋交流，这是一项非常有意义的活动。

1. 调查前的准备： 确认天气，购置装备，准备一份全国或城市地图。

2. 选定调查地点： 溪流、河川、池塘、水库、湿地、稻田、滩涂，从中选定一处。

3. 分组调查，整理资料： 每一组确定一处调查地点，回来一起查资料，交流切磋，可以看出这些生态自然圈的相互关联。

4. 水生生物调查： 记录调查地点的名称、水深、水宽、周边环境等。

① 水不深的话，可以穿长筒雨靴下水采集；水较深的地方，可以用兜网采集。

② 留心观察并记录周边环境（房舍、农田等）。

③ 小心那些危险的水生生物（蝎蝽、水螳螂等）。

④ 注意那些猎食性水生生物（采集的时候要单独收拢）。

5. 水生生物的名称和特征： 记录名称的来源、特征等。

6. 制作地图： 选定一个自己想了解的主题，制作生态地图。

7. 发表： 在朋友或老师面前，展示自己的调查结果。